# 日本の気象観測と予測技術史

古川 武彦 著
Takehiko Furukawa

History of Weather Observation and Forecasting Technology in Japan

丸善出版

# は じ め に

　気象庁は明治 8 年（1875）の創立以来、令和 7 年（2025）に 150 周年を迎える。気象庁は、天気予報をはじめとして、波浪、地震・津波、火山などについての情報を 24 時間体制で提供しており、今やあらゆる社会活動において、また、防災活動においても、必要不可欠な情報となっている。

　ちなみに、気象庁の気象予測の精度は、国際的にも屈指の評価を受けている。また、世界気象機関（WMO）の有力な一員として、台風の進路予測のほか、火山灰や放射性物質の拡散予測などアジア地域の責任センターを引き受けている。

　最近で見れば「線状降水帯」と呼ばれる激しい降水の予測に向けて、産学官連携での開発などが進行中である。

　本書の目的は、まず種々の気象予測のための根幹的データである気象観測の全体像としくみを明らかにし、次いでそれらの観測に基づいて行われている、今日・明日・明後日という「短期予報」、週間予報などの「中期予報」、さらに 1 か月予報などの「長期予報」のしくみや、また台風進路予報などについて、それらの時代的変遷を一般の方々にわかりやすく解説することである。さらに技術的事項に加えて、気象業務の骨格を律する「気象業務法」の制定や太平洋戦争前後の出来事など、気象業務の節目についても触れた。

　一方、本書を執筆中の 2023 年夏は、日本では全国的に記録的な猛暑に見舞われ、さらに台風の影響で大雨よる水害が各地で発生した。世界的に見ても高温などの異常気象が頻発したことから、最後の章で地球温暖化について観測および予測技術の視点から触れる。

　とくに記述にあたっては、観測機器の開発や予測モデルの開発・研究などの歴史をただ単に事務的に顧みるのではなく、それらに携わることを生きがいとし、天職として来た先達の営為に積極的に触れ、可能な限り実名も掲げた。筆者（古川）は、こうした人々を尊敬と敬意の念を込めて「天気野郎」と呼んでおり、その活躍ぶりを本文中に記載した。僭越を承知の上で、本書のような歴史的記述を行う役割で、筆者もその末席を汚せればと。

　そんな次第で、本書では筆者の 40 年にわたる気象庁勤務や留学経験、関係者との出会い、インタビュー、さらに文献や伝聞に基づいて、臨場感のあるドラマとするべく、コラムやエピソードを随所に挿入した。結果として、約 150 年に及ぶ気象庁の歴史も概観していただけるかと思う。

　最後に本書を理解していただく一助として筆者の略歴を手短に記させていただく。昭和 15 年（1940）5 月、琵琶湖畔の米原町に生まれ、昭和 34 年（1959）3 月、滋賀県立彦根東高校を卒業、その 4 月に現在の「気象大学校」の前身である気象庁研修所高等部（定員 15 名）に入学・卒業。初任地は大阪管区気象台での地上観測を 1 年、その後 2 年間は潮岬<ruby>潮 岬<rt>しおのみさき</rt></ruby>測候所で地上と高層観測に従事した後、昭和 39 年（1964）に気象研究所に転勤し、以来 20 年にわたって研究生活を送った。その間、家族をつれてアメリカ大気研究センター（NCAR）に留学し、帰国後に九州大学で理学博士を取得。その後、一転して研究から運輸省への出向と行政部門に転じた。

　気象庁に戻ってからは、観測部、予報部の補佐官を経て、福岡管区気象台技術部長へ転勤。平成 3 年（1991）本庁の航空気象管理課長で戻り、予報課長を経て平成 9 年（1997）に札幌管区気象台長に転勤し、2 年後に辞職。その後、4 年間、財団法人日本気象協会の技師長として、JICA の無償技術援助プロジェクトでタイ、ラオス、モンゴルのほか、フィジーに赴いた。平成 13 年（2001）に協会を退職と同時に、気象の啓発・教育などを目的として「気象コンパス」（任意団体）を立ち上げ、現在に至っている。

　今回の出版にあたり、丸善出版の前川純乃氏には、貴重な助言などをいただき、感謝の意を表したい。


2024 年 5 月

古 川 武 彦

# も く じ

# 序　　章

　気象庁は明治 8 年（1875）の創立以来、間もなく 150 周年を迎える。現在、虎
ノ門に位置しているが、最初の赤坂葵町から、皇居北の丸の代官町、千代田区竹
平町へ、大手町へと数回の移転を経てきた（図 0.1 に数字で順を示す）。その間、
技術はもちろん、組織と業務形態も大きく変化してきた。また、太平洋戦争の前
後には、気象業務のあり方を左右しかねない事件も起きた。したがって、移転や
歴史の節目に合わせて記述を進めることとする。

**図 0.1**　気象庁の移転経過［国土地理院　地理院地図（電子国
　　　　　土 web)］

　なお、気象庁は気象以外に海洋・地震・火山に関する業務も行っているが、海洋は気象の予測に密接な事項に絞って触れていく。

　各論に入る前に、気象の観測と予測についての体系を概観する。私たちが日々体験する低気圧や高気圧、積雲や積乱雲などの特徴（水平的な広がりや寿命）は、昔からかなり知られていた。例えば、平安時代に清少納言は小説『枕草子』の中で、野分という言葉で台風の様子を記述している。また、蒙古襲来に関する書籍の中では、台風や暴風の記述が見られる。こうした気象現象は、気象学的に言えば、それぞれ特徴的な空間的および時間的スケールを持っている。図0.2に気象現象（以下、気象と記す）の空間的・時間的特徴を示す。横軸は時間スケールで気象の寿命を、縦軸は空間スケールで気象の広がりを意味する。なお、目盛は対数である。例えば積乱雲を見ると、寿命は1時間程度、広がりは数km程度、高・低気圧では数日程度の寿命で広がりは数千km程度を意味する。

　次に気象庁では「アメダス」や「ラジオゾンデ」、「気象レーダー」、「気象衛星」など種々の観測機器類を地上や高層、宇宙に展開し、24時間体制で運用している。現在、気象庁が運用している観測システムの全体像を図0.3に示し、個々の観測システムの変遷については、次章以降に触れる。それらが対象としている観測高度および水平分解能を図0.4に示す。横軸は対数目盛である。なお、「地域気象観測網」は業務上の名称であり、「アメダス」と呼ばれている。

　例えば、「ラジオゾンデ」を見ると、観測高度は地上から約30km、水平分解能は数百km程度となっている。この意味は、観測の主目的が数千kmの広がり

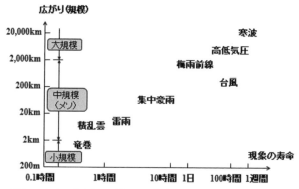

図0.2　気象の寿命および広がり（気象の時間的・空間的スケール）

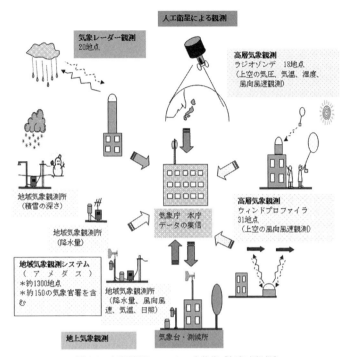

図 0.3　気象観測システムの全体像［気象庁提供］

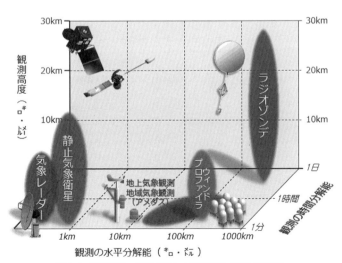

図 0.4　観測機器の観測高度と水平分解能［気象庁提供］

持つ高気圧や低気圧なのでこの間隔で十分だと考えられており、全国 16 か所、世界全体では約 1,300 か所である。

　最後に予測技術の体系を見る。気象予報は図 0.5 に見るように、主観的予報と客観的予報の二つに分けられる。主観的予報は予報者の経験や勘などに基づいたもので「夕焼け、明日は晴れ」のような「観天望気」も含まれる。現在でも沿岸域の小高い山頂などに観天望気のために利用された「見晴台」が残っている。

　客観的予報には、統計・気候学・運動学・持続・物理的な技術がある。このうち「気候学的」とは、過去の平年値をもって予報とする手法である。ちなみに、東京オリンピックは昭和 39 年（1964）10 月 10 日から 15 日間開催されたが、この日程は、この気候学的手法で決められたとされている。図中の「降水ナウキャスト」および「降水短時間予報」は現象の持続性に着目したものであるが、現在、それ以外の天気予報は、季節予報を含めて、すべて現象を支配している物理法則を基礎に行われていることに留意したい。

　物理法則に基づいた予測は、予測期間などに応じて「数値予報モデル」によって行われている。数値予報モデルとは、気象を支配する物理法則を定式化（アルゴリズム化）し、スーパーコンピュータで予測計算を行う技術である。図 0.6 に各モデルの予報の有効期間と時間的解像度が示されており、また予測の対象域も記されている。例えば、「週間予報」は「週間アンサンブル」モデルを用いており、時間的なきめ細かさは「日」であり、県域規模が対象である。また、「3 か

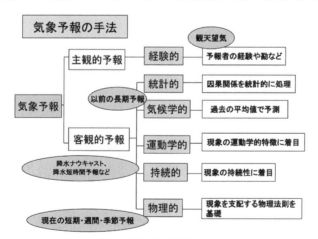

図 0.5　気象予報（予測）の体系

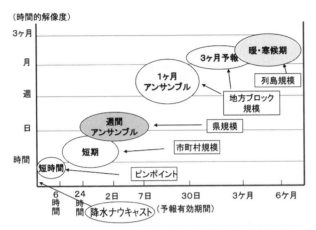

図 0.6　数値予報モデルの種類と予報の有効期間，時間的解像度

月予報」は「3 か月予報モデル」を用い、月平均で列島規模である。なお、単一のモデル（「シームレスモデル」と呼ばれる）ですべての予報を行えばと思われるかもしれないが、予測対象域、必要な観測データの展開・収集、計算に必要なコンピュータの能力などから、定常的に行うことは現状では不可能である。

　現在は、高機能のスーパーコンピュータの導入や観測データの充実を踏まえて、当初の近似化された予測モデルから、第 3 章で述べるように非常に精緻化が進んでいる。ところで、物理学によれば高・低気圧や台風などの気象の振舞（状態）は、時間と場所を指定し、そこでの気温・気圧・密度・風・水蒸気の 5 個の要素を観測すれば、一義的に決まる。別の言い方をすれば、気象はこれらの要素のみの関数である。したがって、気象観測は、これらの要素を観測することを主眼とし、その手段は、以降の各論で見るように、人手によるものから機械化へ、自動化へ、無人化へ、そしてリモート（遠隔的）へと発展してきた。さらに観測データもアナログからデジタルへと進歩してきた。

　ちなみに、温度を観測する測器は、最初のアルコールの温度変化による膨張を利用したガラス製の棒状温度計から、白金抵抗温度計へと発展してきた。また、気圧の観測は水銀気圧計から、デジタル気圧計へと進歩してきた。驚くべきことは、気象衛星「ひまわり」の誕生によって、船舶やブイに頼っていた海面水温が、広域的に 24 時間得られるようになったほか、雲の観測なども可能となった。

# 第1章　赤坂葵町・代官町時代（1875〜1923）
## ──気象観測の始まり

## 1.1　「東京気象台」赤坂葵町に創立、気象観測の開始

　日本の気象業務の始まりは、約 150 年前、明治初期の明治 8 年（1875）6 月 1 日の定常的な観測に遡る。「東京気象台」の誕生である。場所は東京赤坂区葵町 3 番地に位置する高台で、現在のホテルオークラ東京（港区虎ノ門 2 丁目）の付近に記念碑がある。スタッフはわずか数人で、気象のほか、なんと地震の観測も行っていた。その立役者は、明治政府がその発足にあたり、殖産や学術などの新興のために、欧米から多数の外国人を招聘したいわゆる「お雇い外人」である。イギリス人のマクビーン（C. A. McVean）とジョイネル（H. B. Joyner）である。ジョイネルは、明治 3 年（1870）に京浜間の鉄道敷設のために来日したが、翌年に工部省の測量司に転属し、明治 6 年（1873）に気象観測の必要性を建議した。これを受けて、明治政府は気象台を設けることを決し、観測機器の調達をイギリスの気象台に依頼し、水銀晴雨計、乾湿球寒暖計、雨量計などが輸入されて、観測に供された。ちなみに水銀晴雨計は構内の土蔵の一隅に吊るされていた。江戸末期の幕臣である榎本武揚は、これらの測器を目のあたりにし、気象学の進歩に驚いたと言われている。

　赤坂葵町で始まった気象観測の種目は、気温、湿度、気圧、風向風速、天気で、現在とほとんど変わっていない。ただし、現在では後述のように観測方法は人手から機械化、自動化へと発展し、観測データもアナログからデジタルへと進歩してきた。当時、気温と湿度の観測は、温度計と乾湿温度計を「百葉箱」の中に収納して行った。百葉箱は、直射日光の影響を避けるため白色で、風通しを良くするために隙間があり、また扉は北向きであった。風向の観測は、図 1.1 に示すように、風向は磁石と連動した矢羽根の向きで、風速は風杯（ピンポン玉を半分に割ったような）を用い、その回転数から求めていた。

　次に水銀晴雨計は、低気圧が来れば水銀柱が下がって雨が降り、高気圧が来れば上がって晴れるなど、天気の変化と密接に結びついていたことから「晴雨計」

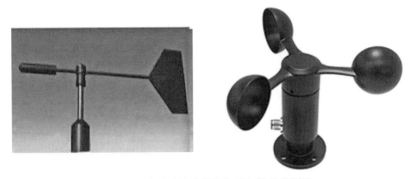

図 1.1　風向計（左）と風速計（右）〔気象庁提供〕

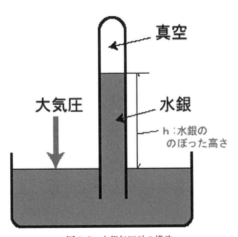

図 1.2　水銀気圧計の構造

とも呼ばれた。水銀気圧計の原理は、1643 年にイタリア人のトリチェリー
（Evangelista Torricelli）が行った真空の実験に基づいている。この気圧計の原理
は図 1.2 示すように大気圧が水銀面にかかると、中が真空であるガラスの内部の
水銀が上がり出し、約 76 cm 付近で止まる。そのときの水銀柱の重さが、上空の
大気の重さと等しいことから、水銀柱の目盛を読み取って気圧を測っている。図
には示していないが、実際の水銀気圧計は大気圧が水銀面にかかるよう水銀槽上
部のガラス管をなめし革で固定するなど、非常に精巧なしくみが施されており、
輸送中は逆さまにされるが水銀はこぼれない。なお、現在は気圧の観測には「電
気式気圧計」が用いられており、水銀気圧計はその較正用に使われている。

　当初の観測はジョイネルが担当したが、彼の要請に応じて、伝習生として正戸豹之助（後に中央気象台統計課長）、下野信之（後に大阪測候所長）、馬場信倫（後に商船学校教授）、大塚信豊（後に長崎測候所長）らが加わり、観測が軌道に乗った。2年後の明治10年（1977）にジョイネルは満期・解雇となり、正戸が主任となった。これらの連中は、その後も気象台の幹部として仕事を続け、後述の岡田武松（日露戦争当時の予報課長で、後に中央気象台長を歴任）と一緒に天気予報にあたった。

　なお、実質的な気象観測は、すでに明治5年（1872）に北海道の函館気候測量所で行われていたが、気象庁は明治8年（1875）6月1日をもって気象業務の公式の創立としている。

　ところで現在、「気象」という言葉は、広く世の中で使われ、気象庁の官庁名にもなっているが、「天気」のように昔から日本にあった言葉ではなかった。正戸は『気象百年史』（気象庁編 1975）の「中央気象台初期沿革余談」の中で次のように述懐している。

　「余ノ初メテ気象学ナル語ヲ耳ニシタルハ　京都出発ノ際ニシテ何ノ事ヤヲ解スルコト能ハス　当時之ヲ同僚ノ先輩ニ問ヒタルモ亦知ル人ナカリキ　案スルニ政府ニ於イテ気象観測ノ必要ヲ認メタルハ明治6年ニアリト雖モ　「気象」ナル語ハ彼ノマクビン氏ノ発議或ヒハ　ジョイネル氏ノ建議ナルモノヲ翻訳セル際ニ初メテ造ラレタルモノニアラサル乎否乎」

　これによると、気象学は Meteorology の和訳であり、その形容詞が Meteorological である。ちなみに気象庁の英名は「Japan Meteorological Agency」であり、英国気象庁は「Meteorological Office」、中国、韓国などの気象機関は日本と同じ流儀である。ほとんどの国および国連の国際気象機関も同様である。しかしながら、アメリカ気象局は「National Weather Bureau」と表記されており、Weather は「天気」に対応する。

## 1.2　皇居北の丸 代官町に移転 ——天気予報の開始

　赤坂葵町の東京気象台は観測環境を改善すべく、9年後の明治16年（1883）、皇居北の丸に位置する代官町に移転した。その後、大正11年（1922）に千代田

区竹平町に移転するまでの約40年、業務を継続した。この期間は「代官町時代」と呼ばれている。

図1.3は大正9年（1920）に描かれた代官町時代の気象台の全景（『気象百年史』〔気象庁編 1975〕）を示す。中央奥の石垣（天守台）に風の観測塔（図中⑨）が見える。現在でも皇居の北桔梗門を渡ると、正面にこの天守台があり、そこには既述したような風向風速計が設置されていた。ちなみ、筆者は気象庁見学の際、受講生とともにここを訪れている。

ここで、最初の天気予報とそのときの天気図を見てみる（図1.4参照）。観測所（測候所）の数は22か所、すべて国内のみで、観測種目は気圧（mmHg）、風、雨量、温度、天気である。なお、すべての観測は人手を用いていた。天気図には、わずか数本の等圧線が引かれ、高気圧はHIGHで、低気圧はLOWと示されている。天気予報は「全国一般風ノ向キハ定リナシ　天気ハ変リ易シ　但シ雨天勝チ」である。

なお、天気予報および観測値は(ここでは示していないが)は、英語でも記されており、ドイツ人のクニッピング（E. Knipping）の署名が見られる。現在の観測所（約90か所）と予報のきめ細かさを比較すれば、まさに隔世の感がある。

これらの観測は測候所の構内の「露場」と呼ばれる場所で行われていた。ちなみに露場は、後述の「竹平町時代」は庁舎の一角で（第2章図2.1参照）、ま

**図1.3**　代官町時代の中央気象台［『気象百年史』（気象庁編 1975）］

**図 1.4**　最初の予報に用いられた天気図［気象庁提供］

た、大手町庁舎に移転後はその構内で行われていたが、平成 26 年（2014）により良い観測環境である皇居の近くの北の丸公園の一角に移転し、現在でも継続されている。ちなみにテレビなどで報道される「東京」の観測値は、この場所のデータである。

## 1.3　「天気晴朗ナレドモ波高シ」

「本日天気晴朗ナレドモ波高シ」、明治 38 年（1905）5 月 27 日早朝、日本海軍が対馬海峡でロシアのバルチック艦隊と遭遇した際、朝鮮半島の南端、鎮海湾に仮泊していた連合艦隊の旗艦「三笠」から、東郷平八郎司令官が東京の大本営に宛てた、あの有名な電報「敵艦見ユトノ警報ニ接シ……」の最後に付加された天気予報の部分である。

この電報は、前日に中央気象台から大本営に届けられ、すでに「三笠」に伝達されていた対馬海域の予報を基に、「三笠」の秋山真之参謀が電報の最後に修辞・付加したと言われている。図 1.5 は大本営に宛てられた電報のコピーであ

**図1.5**　「三笠」から大本営に宛てられた電報
［防衛研究所図書館所蔵］

る。ときの予報課長は、後に台長となった岡田武松であった。ちなみに、司馬遼太郎の『坂の上の雲』に、これらの経緯が語られている。なお、「三笠」から大本営までの通信形態は本章のコラムで触れる。【☞コラム① 日露戦争の頃の通信インフラ】

　岡田は東京帝国大学を卒業後、26歳で中央気象台に入り、6年後の32歳で予報課長となった。当時は1日3回の地上観測データのみで、観測所は国内約90か所で、現在とあまり変わりないが、国外では台湾（恒春、台中、台南、台北、澎湖島など）、朝鮮半島（釜山、木浦、仁川、元山など）、中国方面では（大連、天津、上海、南京、厦門など）とまばらであった。既述の気象学で「シノプチック　スケール」と呼ばれる高・低気圧の規模の消長を捉えるのが精一杯で、当時はまだ温暖前線や寒冷前線などの概念がなかった。岡田課長はそんな環境の中、バルチック艦隊が何時現れるかもしれない海域の天気予報を、連日に渡って非常な緊張のもとで作成し、既述した代官町の旧本丸にあった中央気象台から、近くの大本営に届けていたに違いない。

　当時の天気図を眺めてみよう。海戦前々日の5月25日、日本海にあった低気圧は26日にかけて本邦を東進していた。図1.6では27日の午前6時の天気図を示す。岡田は、海戦当日の27日は、対馬海峡付近は図1.6に見るように低気圧の前面になり南西風が強まること、まさに「天気晴朗ナレドモ波高シ」の状況を洞察していたと思われる。

　実際、海戦当日の5月27日午後2時の観測通報を見ると、対馬海峡に近い釜山では「南西の風、風力4（平均風速約6〜8 m/s）、快晴」であり、対馬の厳原では「西の風、風力4、XX（注：天気不明）」と報告されている。海上では白波がかなり立っていたことは間違いないと思われる。予報は見事に的中したと言える。筆者が岡田武松の甥の岡田郡司の三女（りせ子）を訪ねた際、彼女は父武松から、「あのときの予報は上手くいったと言っていたよ」と聞かされていたと述懐した。

　ここで岡田の予報を、予報技術の変遷の中で顧みたい。予報技術は、既述のように「観天望気」の時代から、「地上天気図時代」、「地上・高層天気図時代」、「数値予報時代」へと発展を遂げてきた。「地上天気図時代」は地上天気図と観測データの蓄積、それと予報者の経験および主観に基づく技術であり、明治以来、太平洋戦争を挟んで、昭和20年代まで続いた。戦後になって後述の高層の気象観測（ラジオゾンデ）が始まり、「地上・高層天気図」へと移行したが、やはり予報者の経験と主観がものを言った時代である。昭和40年代でも、台風の進路

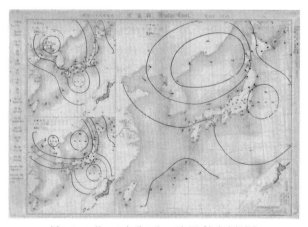

**図1.6**　5月27日午前6時の天気図［気象庁提供］

予報を行う指針には、100 通り近い経験則が盛られていた時代である。後述のように昭和 39 年（1964）にアメリカから電子計算機が導入された以降は、次第に「数値予報」と呼ばれる物理法則に完全に即した客観的な手法へと移行し、現在につながっている。

　すなわち、岡田の予報は、天気予報技術史で見れば、地上天気図に基づく経験的・主観的予報技術の中で、彼の深い洞察力の勝利の一コマであったと言えよう。ちなみに岡田は、この海戦の翌明治 39 年（1906）に日露戦争の功績で、勲六等旭日章を、また、太平洋戦争後の昭和 24 年（1949）秋には文化勲章を受賞している。

## 1.4　測候技術官養成所の創立　　──「気象大学校」の前身

　中央気象台は明治後期に日露戦争を経験し、大正時代に入った。社会の進展と技術の進歩に伴って、業務を維持発展させる人材の確保が次第に困難となってきた。当時、中央気象台や海洋気象台などの国の機関でも大学卒が定着せず、ましてや国営あるいは県営である地方の測候所では、大学卒や高専卒などの高学歴の職員は少なかった。このことは職員の待遇とも無縁ではなかった。明治政府以来、官公庁に勤める人々はいわゆる官吏制度の下で、官吏とそうでない者に分かれ、官吏はさらに判任官と高等官に身分が格付けされ、俸給と呼ばれた給与も連動していた。大正 10 年（1935）頃をみると、高等農林学校の卒業生は技師まで昇進できるが、測候所員はなれなかった。

　岡田武松は中央気象台長になる以前から自前の学校をつくるべしという構想を、藤原咲平らとともに台長の中村精男に進言していた。

　岡田は当時を振り返って以下のように述べている。原文を適宜、口語体に直した。岡田の意図した専門学校の必要性と気象人像の一端が語られている。

　「（前略）。元来測候技術官養成所が設けられたのは、測候職員の任命令にかなっている高等専門学校が一つも無いからであって、これがなければ測候職員になるものが得悪い。なるほど物理学や何やかを専攻させる学校も四つや五つはあるが、測候所のように前途に大した世間的な望みが無いものは志願してくるものはない、そりゃこの節のように就職口が殆んど皆無なときには募れば随分ないでもないが、それはほんの腰掛けであって、見習を 2 年 3 年もやっている間に、良

い口があると遠慮なくピョイと飛び出して仕舞って、気象台や測候所では月給を
払いながら練習をさしてやっただけになり、馬鹿を見ることが多い。（中略）。中
央気象台は恰も大学教授の養成所であるような具合になってしまった。それも誠
に結構で日本の学問が幾分でもそれで進みさえすれば決して愚痴は申さない。元
来それと云うのも大学では永く勤めさえすれば誰だって高官になれるし、俸給は
一見えらいようだが講座給とか職務給とか云うのがあるから合計すれば測候所や
気象台の技師なぞよりは遥かに多い、それに大学教授と云えば、世間の信用も尊
敬も、技師なぞよりは遥かに高く、従って主人のみでなく、夫人や子供までが肩
身が広い、これに反して測候所や気象台の技手や技師なぞは、何年勤めたって世
間的な位置は高くならない、俸給だとて極めて低いものだから、世間からは技師
やからが位にあしらわれるのだ、主人は自分は仕方がないと諦めるが、娑婆気の
ある細君などをもっているものでは、その方がなかなか抑えきれない。

　そこで測候界に入って来るものは、もともと測候が好きで、これを道楽にやる
のでなくては駄目だ、細君だってそれを理解しているようでないとこれも駄目
だ。わが養成所は測候を道楽にやって見ようという青年を集めて、御用に立つ様
に訓練をするところなのである、それだから単に衣食を得る道程として、測候を
やろうと思う青年は、どうか入学を遠慮していただきたい、お互様に損になるか
ら（後略）」

　この岡田の論説は、先に述べた測候精神の一翼をなす気象人像を言い当ててい
ると見たい。
　そして岡田や藤原の努力が実って、「中央気象台附属測候技術官養成所」の設
立が認められ、大正11年（1922）9月には全国150名の志願者から15名が第1
回生として入学した。翌年4月には10名が入学したが、9月1日の関東大震災
で竹平町にあった校舎が焼失したため、岡田は皇居内の旧本丸跡の代官町に古い
建物を手に入れて仮校舎とし、そこに下宿を失った学生のための寮を置き「雅雲
寮」と名づけた。この場所は前述の図1.3の施設群の一角にあった。ここに岡田
がかねてから理想としていた学術および人物の教育を実践すべき場が発足した。
岡田のロマンの実現である。須田瀧雄は『岡田武松伝』（1968）の中で、養成所
の発足当時の様子を次のように描いている。一部を抜粋する。

「（前略）寮の月例の茶話会には、自ら出席したり、主事の藤原（注：校長にあたる）をはじめ幹部や舎監の岡などを努めて出席させ、教室以外における教育のため学生との接触を図った。学生達は家庭の経済状況に恵まれないものも多かったが、どんな難しい入試の学校にも入れる才能をもっているという自負のもと、静かな環境と傑出した教師の愛情の中で、明るく心豊かに育って行った。師はこの上なく、寮は日本一であると彼らには思われた。彼らは楠の下に憩い、流れ行く雲の秘密を解くことを論じ、狭いが明るい寮室に集まって、大地や海の摂理を語り合った。彼等の希望は、青雲のようにはるかな将来に拡がって行き、当時、大学高専などで流行していた寮歌をつくり、その心意気を託した。1 学級 10 数名という小規模の養成所の寮歌が、世の中一般に知られる筈もなかったが、ときに合唱する歌声は千代田の古城の跡に高く響いた。」

　　人生の流転いずこ
　　古（うる）の跡美わし
　　千代田城頭春いや深く
　　憩うわれらが若き学徒
　　意気みなぎる　ああ雅雲寮

その後、昭和 8 年（1933）に新たに品川に「智明寮」が新設された。しかしながら、昭和 12 年（1937）の支那事変の勃発を機に技術者の養成が急務となり、さらに太平洋戦争の足音が近づく中、陸軍および海軍からの委託生の受け入れも始まった。従前の 15 名体制から、昭和 16 年（1941）3 月卒は約 40 名、太平洋戦争の始まる頃には、全体の学生数は約 150 名の入学者に、軍の委託生を加えると 200 名を超えた。多くの卒業生がビルマ（現在のミャンマー）やニューギニアなどの戦地の気象組織にも赴いた。第 1 回の学徒出陣が行われたのは昭和 18 年（1943）12 月である。この間、昭和 14 年（1939）に「気象技術官養成所」と改称された。また、校舎が手狭となり千葉県柏市に移転し、「智明寮」も新たに建設された。

　現在の「気象大学校」は気象技術官養成所を前身に持ち、柏市に位置する。JR 常磐線の柏駅で東武線に乗り換えて大宮方面に向うと、やがて左手に真っ白の大きなドームを載せた背の高いレーダー塔が見える。気象大学校のランドマー

クである。約30mの気象レーダーサイトで、春には周囲を桜並木に囲まれる校内の一角に位置している。このレーダーは、後述のように、平成3年（1991）に富士山レーダーの運用終了に代わって建設されたもので、柏市のほか、静岡県の牧之原市、長野県の車山の合計3か所の気象レーダーとともに関東地方一円の降水や風を観測しており、気象庁のホームページでも容易に閲覧できる。

気象大学校は養成所の設立から約100年の歴史を持つ。この間の卒業者は第一回卒から数えて約2,000名に達している。令和6年（2024）現在、約500名が気象庁の現役であり、全職員数の1割を占めている。毎年15名の卒業生を送り出し、気象業務の技術的中核を担っているとともに、行政および研究方面の仕事にも就いている。

なお、気象技術官養成所は、太平洋戦争を挟んで毎年100数十名人規模の卒業生を輩出したが、彼らは昭和20年代から60年代にかけて、中央および地方の気象台などで、観測や予報技術の開発、研究活動のほか、さらに気象学会の活動にも大きな貢献を果たした。

ここで気象大学校設立の経過を遡ってみる。気象技術官養成所は昭和26年（1951）の第25回の卒業生を最後に、その幕を降ろさざるを得なくなり、気象庁の研修機関に衣替えとなった。理由は、日本に進駐した連合軍による教育機関の文部省への一元化という学制改革の指令である。

同年3月7日、気象技術官養成所の第25回卒業式に来賓として出席した中央気象台長の和達清夫は、この衣替えには触れていないが、以下のように式辞を述べた。一部を抜粋する。気象事業の重要性と測候精神の涵養（かんよう）が期待されているのを見る。もし岡田武松が臨席していれば、わが意を得たりと頷いたに相違ない文脈である。

「本日ここに地元官民を始め来賓各位の御臨席を得て盛大なる卒業式を挙行せられるにあたり、（中略）、気象事業が世界のどの国においても重要な地位を占めていますことは今更申し上げるまでもありませんが、とくに日本は大陸と大洋の間に位し、南は台風の発祥地たる南洋より、北は寒冷の北海に連なり、気象学上独特の位置にあり、一方また火山活動、地震活動などの盛んな所でさいさい大きな惨事を蒙（こうむ）っているという状態で、気象事業は防災とも関連し、日本の重要なる部門を担当しておるところであります。この意味においてわれわれ気象職員の

職責は実に重大なものというべきでありまして、われわれ先輩や同僚が或いは山岳に風雲と戦い、或いは海洋に風涛を冒し、極寒の僻地も絶海の孤島をもいとわずあらゆる刻苦欠点を偲び日夜観測に、通信に、又予報に満身の努力を傾けて参ったのも、この自覚に基くものといわねばなりません。この自覚と敢闘の精神こそは、日本に気象観測が開設せられた当初より今日まで脈々として流れる一貫した気象人の魂ともいうべきでありまして、今日世界の気象界に伍して日本の気象界が堂々たる存在を保持しているのも、根本は実にここに存するものであることを確信する次第であります。(中略)。今日以降気象事業の実地について働かれるにあたり願わくば良き気象人として仕事の上にも、個人的にも世間の尊敬と信頼とを克ち得てわが気象事業の声価を一層高めるべく努力されんことを切に希望いたしまして祝福の言葉といたしたいと思います。(後略)」

　岡田のロマンはここで一旦終焉を見たが、その後の急速な技術革新の波とそれに応える気象技術者の枯渇は再び養成所機能の復活を促した。10 年近い空白期間をおいて、昭和 34 年（1959）に研修所にまず 2 年制の高等部が発足し、同年 4 月に現在の 4 年制の大学校となった。1 学年の定員は現在でも、くしくも高等部および前身の養成所と同じ 15 名である。なお、気象大学校は平成 3 年（1991）12 月 18 日に学位審査機構による「学士」授与校に認定されている。

　昭和 34 年（1959）4 月 11 日、第 1 回高等部の入学式は、中央気象台長の和達清夫を来賓に迎え、15 名の合格者が校門をくぐった。筆者もその一員となり、以来 40 有余年気象庁に席を置いた。ちなみに、再スタートした第 1 回の入学試験に限って、募集は予算成立の時期の関係で変則的となり、すでに終了していた昭和 33 年（1958）度の国家公務員初級試験合格者および気象庁職員を対象に行われた。気象庁の部内広報誌『気象庁ニュース』によると応募者 464 名、受験者 355 名と記されている。この時代、誰しもが大学を目指せる環境ではなかった。同級生は 3 名が部内からで、残りもほとんどが片田舎の出身者であった。書きそびれたが、この学校は養成所時代から現在の大学校まで学費が無料であり、かつ俸給が支給されることが大きな特色である。

　気象大学校の学生は、現在、一般行政職に格付けされて初任給は月額約 17 万円、卒業後は大学卒（理学士）の扱いとなる。筆者の学んだ半世紀前は、俸給が約 7,600 円、食事や光熱水費を含む寮費は月給のちょうど半分の 3,800 円であっ

たことを覚えている。親の仕送りなしに学べ、いささかの貯金もできた。授業は
いつも同じ教室で着席順も2年間ずっと同じ、今では考えられないことだが誰一
人授業をサボる者はいなかった。柏と上野の間の電車運賃は当時、片道70円で、
休日には同級生と連れ立って神田の古本屋街を訪ね歩いたものである。ちなみ
に、現在でも気象が好きという以外に、家庭の事情でこの大学校を志願する者は
少なくない。

　昭和32年（1957）の秋、ソ連が史上初の人工衛星（スプートニク1号）の打
ち上げに成功し、その予想軌道が新聞でも毎日報道された。琵琶湖のほとりで
育った筆者は高校の物理で習ったばかりの「質点の力学」の実際が、眼の前の宇
宙を舞台に人工衛星という形で見事に実現されていることに感動し、暮れなずむ
星座の中を音もなく天空を滑るように横切る衛星を飽きずに眺めていた。天文や
気象という自然への憧れが芽生えたのはこの時期で、高等部への志望につながっ
た。

　昭和34年（1959）4月9日夜の東海道線米原駅、筆者は幼馴染に送られて東
京行の急行「瀬戸」で柏に向けて故郷を後にした。この気象界への旅立ちはま
た、結果として親兄弟の住む故郷との決別につながった。

　しかしながら、後述のように、この入学式のわずか1か月前の3月には、東京
の気象庁の一角では、アメリカから導入（輸入）された日本で初めての大型電子
計算機（IBM704）の火入れ式が行われ、日本の数値予報が産声をあげていたが、
筆者にはもちろん高等部の学生にとっても、電子計算機はもちろん数値予報の意
味するところを知る術はまったくなかった。

　彼らは、くしくも数値予報の黎明期に気象庁の門をくぐり、以来、約40年に
わたって気象サービスに携わる戦士の一人として、昭和の時代を駆け抜け、平成
14年（2002）までに退職した。

☀ コラム①

## 日露戦争の頃の通信インフラ

　伊藤和夫の『まさにNCWであった日本海海戦』（2011）によれば、すでに日
本とその周辺には有線電信・電話回線、海底ケーブル回線、洋上無線を利用した

一種のネットワークが形成されていた。国内を見れば、電信・電話網の展開がなされていたし、洋上の無線については、明治 36 年（1903）10 月には、最大通信距離 200 海里（約 400 km）の無線通信機「三六式」が開発された。いわゆる火花放電式の送信機である。折しも日露関係が風雲急を告げていたことから、海軍ではすべての艦艇にこの通信機を整備し始めた。

　他方、海外との通信網であった海底ケーブルは、明治初年にすでに長崎～上海、長崎～ウラジオストク間が開通していた。さらに日清戦争後は九州～台湾間にケーブルが敷設され、そこから先の中国本土へと延び、福州で英国が運用する国際回線に接続されていた。図には日露戦争の頃の日本周辺の通信回線網（伊藤和夫による）とモールス通信用機器（三笠に搭載）を示した。したがって、日露戦争当時を見れば、ロシアが関与する長崎～ウラジオストク回線を経由しなくても、日本は同盟国および諸外国と自由に連絡ができる環境にあったことになる。

　一方、日本の海岸線や離島には多数の望楼が建設されて、艦船との連絡、海上の見張りや気象観測が行われており、主要な望楼には陸域の有線電信・電話回線が延び、また無線施設も整備されていた。したがって、台湾、韓国、中国方面の軍事情報および気象情報もこれらの通信網を通じて、東京に届くようになっていた。さらに軍部の中国・満州方面への展開に伴って電信・電話線が展張されたことから、気象情報の入手範囲も拡大した。加えて、東郷の率いる連合艦隊の碇泊基地として予定されていた韓国西岸と佐世保の間、韓国南岸と対馬の間には、秘かに軍用海底ケーブルが敷設されていた。

　ちなみに、当時の無線通信は火花放電方式と呼ばれるもので、わずかの間隙を持つアンテナの両端に高電圧をかけた状態で、モールス符号に合わせて電鍵で回路を開閉して火花放電をさせてそのときに発生する電磁波で通信を行うもので、雑音が多く、到達距離も短く、さらに妨害も受けやすかった。

　上記の電報の大本営への伝達ルートを調べてみると、実際はすべてが無線通信で行われたのではなく、原電文は「三笠」に随伴していた支援船から一旦通信船まで使送された後、その船に接続されている軍用の海底ケーブルを通じて発信されている。すなわち通信船からは、この海底ケーブルを用いて韓国南岸の巨済島（松真局）まで送られ、その先は商用の海底ケーブルで対馬、下関へ伝達された後、最後は陸上の有線モールス通信で東京に伝えられた。電報の作成から伝達にはおそらく優に数時間は要した時代である。「三笠」でモールス通信に用いられ

た「送信用電極」を見ると、白色の石版に載っており、いかにも重装備で、まさにパチパチと火花が飛びそうな雰囲気がある。

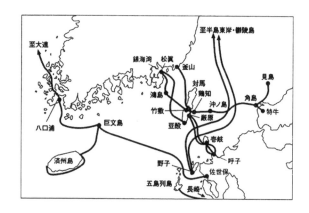

図　通信網（上），モールス符号発信機（下）

# 第2章 竹平町時代（1923〜1964）
## ──新しい観測技術と数値予報の幕開

## 2.1 竹平町にて新しい観測技術と数値予報を開始

　代官町の中央気象台は、大正 12 年（1923）に千代田区竹平町（現在の KKR ホテル東京付近）に新築移転した。以来、昭和 39 年（1964）道路向いの大手町への移転まで約 40 年間業務を継続した。図 2.1 は全景で、手前に気象観測の露場、奥に 2 階建ての庁舎、右側の背の高いビルの屋上が風速塔の役目をしており、風向風速計が遠望される。写真の両サイドにモールス通信用の無線鉄塔が見えるが、当時は神戸海洋気象台にも無線局が設置されており、国内外との交信も行われていた。

　なお、中央気象台も翌年の関東大地震で被害にあったが、気象台の象徴であった時計塔（図 2.1 の右端）は無事で、時計の針が地震発生の時刻で止まっていた。

**図 2.1** 竹平町時代の中央気象台の全景［気象庁提供］

## 2.2 ジェット気流の発見

　太平洋戦争中、グアムやサイパンから日本を目指して来たアメリカの爆撃機は

強い西寄りの向かい風に悩まされた。じつは日本のような中緯度の上空に常に存在する強い偏西風である「ジェット気流」を実測によって発見したのは、日本人の大石和三郎である。ジェット気流とは中緯度の上空を吹く西寄りの風（偏西風）の強風核を意味する。後述のように、偏西風の振舞は、高・低気圧や台風の発生や移動に密接に関係している。大石は大正時代の末期に初代の高層気象台長に就いたときに、気球を利用した高層観測を主導して、この強風を見出したものである。

　なお、高層気象台は設立以来、現在まで茨城県つくば市にあり、後述するラジオゾンデ観測所の名前は「館野」で、気象研究所と隣接している。

　大石は、高層気象台に新たに整備された測器を用いて上空の風の観測を開始し、高層風についての論文を昭和元年（1926）に発表した。この観測では、ゴム気球に水素ガスを充填し、浮力で上昇して行く気球を特殊な望遠鏡（経緯儀でトランシットと呼ばれる）で追跡し、その軌跡から上空の風を求める手法である。経緯儀には対象物の高度角および方位を追跡できる目盛がついている。図2.2はその経緯儀で、大石が外国出張の際に購入し、持ち帰ったものと同型である。なお、現在は、高層観測は後述のように電波を利用したラジオゾンデで行われている。

　また、驚いたことに、大石の観測結果の論文は英語ではなくエスペラント語であったが、それには訳があった。時代は大正ロマンと呼ばれた大正9年代であ

図2.2　経緯儀（トランシット）［高層気象台資料］

る。エスペラント語は、世界共通の言語を確立すべく、ポーランド人が創案した
もので、日本では明治39年（1906）に「日本エスペラント協会」が創立された。
大正15年（1926）に至って、財団法人「日本エスペラント学会」が発足し、初
代の理事長に中央気象台長を歴任した中村精男が就いた。中村台長の下で仕事を
していた大石は、昭和5年（1930）に同学会の第2代の理事長となっている。大
石は、広く世界各国と資料の交換を考えて、早くから世界共通語であるエスペラ
ント語を用いることが最適の媒体であると考えたのである。彼は生来清貧を旨と
し名利を負わず気象観測の本質を深く体得し、常に大空を友として愛する観測精
神を、身をもって具現した男でもある。また彼は岡田武松と一つ違いの先輩であ
るが、岡田と同様に明治人の意気を感じる。まさに筆者の言う「天気野郎」であ
る。

　大石の論文は彼が意図したようには西欧の人々には流布しなかったが、太平洋
戦争の末期になって、大石の仕事が後述の荒川による「風船爆弾」のアイデアに
寄与したのは奇遇としか言いようがない。【☞コラム② 風船爆弾】

　図2.3は、大石による風の高度変化を示す一例で、大正13年（1924）12月2
日午前10時の観測、冬の最中である。縦軸に高度、横軸に方位が目盛られてい
る。図中に風が上空に行くにしたがって変化する要点が書きこまれている。
1,000 mを超えると風はずっと西風で、高度9 kmで秒速72 mの西風（270度）
と記している。世に言う「偏西風」である。

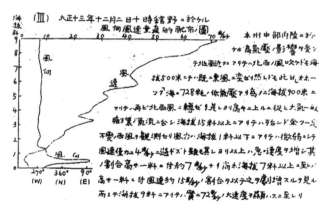

**図2.3** 大石による風の高度変化［大石 1926］

## 2.3　中央気象台、戦時体制へ

　昭和 12 年（1937）7 月 7 日の盧溝橋事件を発端とした支那事変は、北支から次第に中国大陸全土へと飛火し、ついに日中戦争につながった。この流れは中央気象台がそれまで専管的に行ってきた気象業務を、戦時体制の組織下に組み入れ、軍に従属させようとする圧力を必然的に高めた。すでに陸軍は陸軍気象部を立ち上げており、海軍は水路部において気象を担当していた。岡田武松・藤原咲平・大谷東平は海軍省、畠山久尚は陸軍省の嘱託になった。同年 12 月には、「全国気象機関の戦時体制に関する陸海軍協定官署」の申し合わせがなされ、軍との連携が強化された。

　この当時で特筆されるべき気象事業の一つは、国内の気象無線放送施設の強化と外国の気象無線放送を受信する体制の確立である。これによって、マニラ・上海・香港・サンフランシスコなどの気象機関が行っている短波放送の傍受が可能となり、北太平洋天気図の作成が可能となった。この事業は、結果として真珠湾攻撃の際の艦船のルート選択などにも利用されることになった。

　気象機関に対する軍部の要請は、より具体的な形となって現れ始めた。陸海軍は、かねがね中央気象台の制度、組織、施設などが時局の要請にあっていないとの認識をもっており、その改善を図るため、内閣総理大臣直属の政府機関であった企画院に気象協議会を設けることを提案した。

　同年 11 月の次官会議の申し合わせによって、翌年 1 月に第 1 回の協議会が開催された。気象協議会設置の趣旨は、気象事業を軍事上の必要事項の充足に重点をおき、戦時の要求に即応できる体制づくりを目指すことである。この協議会では県営の気象官署の国営移管、管区制による組織の拡充強化、陸海軍気象機関の拡充整備、気象通信と気象無線放送施設の整備、航空への協力などの第 1 次 5 か年計画を策定した。中央気象台の官吏の数も、明治末の約 50 人から、昭和 9 年（1934）の室戸台風の襲来および測候所の国営移管を機に増大を続け、国営移管が完了した昭和 15 年（1940）には約 20 倍近い 800 人近くに達した。

　この協議会に沿った施策は今日に見る気象庁の大骨を形成した。皮肉にも、これまでなかなか実現しなかった測候所の国営移管が実施されることとなった。

　ここで決定事項をさらに見ると、①戦時の中央気象統括の組織をとくに設置せず、平時の中央気象台、陸軍および海軍の気象機関相互の協同連携を一層緊密に

する、②一般の気象実況や予報は中央気象台が行うが、軍事作戦に係わるものは
陸海軍が行い、必要な資料は中央気象台が提供する、③中央気象台長は軍事上必
要な事項については陸軍大臣、海軍大臣の区処（取り扱い）を受けるとなってい
る。

　しかしながら、気象協議会のこのような動きは、次第に「岡田のロマン」であ
る中央気象台の独立を根底から揺すぶる事態へと進む。【☞コラム③　岡田台長、
軍部の要請を拒否（中央気象台の独立）】

　当時の気象台と軍とのやり取りを見ると、当時の支那政権に対する軍事政策と
「岡田のロマン」との衝突と見る。結局は、顧問については、岡田が苦渋の選択
として目をつけた、当時、宇都宮測候所長であった杉山一之が、昭和13年
（1938）8月、北支軍特務機関付で北京への赴任が内命された。杉山は、測候技
術官養成所の第1回生11名の一人で、大正14年（1925）の卒業生である。須田
は、その頃の気象人は一般に、前線で散って行った兵士の報を聞くにつけ、第一
線で気象事業を国の役に立てたいとの雰囲気があり、杉山も勇躍して発令の日を
待っていたと述べている。

　こうして、中央気象台を軍に隷属させようとする陸軍の圧力は次第に露骨とな
り始めた。須田によると、かたくなな岡田に対して、気象台を所管する文部省に
彼の追い落とし工作が図られている。また、明らかないやがらせの場面も見られ
た。岡田に仕えていた既述の奥山奥忠の話として、「種々の難題を持って尉官級
の軍人がよく岡田を訪ね、あるとき、若い将校が軍刀をガチャつかせ、『軍に協
力しないなら叩っ斬るぞ』と、大声を発して脅迫した。岡田は動ずる色もなく、
その将校に一瞥を与えただけであった」という。また、岡田の官舎に出入りして
いた印刷工の坂本寛一の手記には、「（前略）、わしは、熊ヶ谷飛行学校長に暗殺
されそこなったよ、軍の言うとおりにならものだからね」と語られているとい
う。

　岡田が気象台長を辞任したのはその3年後の昭和16年だから、岡田のゆるぎ
ない信念と忍耐はまったく只者ではないことがわかる。

　最後に、中央気象台の独立の関係で、天気図あるいは天気に対する岡田の哲学
を示す一つのエピソードを紹介しておこう。昭和7年（1932）、当時、海軍少佐
で水路部員であった大田香苗は、文部省が所管する航空評議会の気象分科会を回
顧している。海軍の水路部長から、中央気象台が作成した天気図を無線で海軍に

電送する研究課題が提案された。当時、日本電気技師長の丹羽安次郎の考案した
ファクシミリを使用する案である。分科会の委員である岡田武松は、真っ向から
これに反対し、「天気図は観測データを見ながら描いている間に自ずと天気判断
が浮かぶものである。他人が描いたもので天気判断とはまったくけしからん」と
述べたという。岡田の気象台に入って以来の観測データを通して気象を観ること
に対するこだわりと、おそらく天気予報については、中央気象台という餅屋に任
せろとの思いがあったかもしれない。一方、予報課長であった藤原咲平は、天気
図の作成とは別に、このような電送もまた必要なものと賛成したという。

◇岡田台長の辞任　昭和14年（1939）7月に開催された第2回気象協議会の定
は、早くも5か年計画の修正を余儀なくされ、中央気象台実
質的に軍の指揮下におくことを加速した。すでにドイツ軍のポーランド侵攻に
よって始まっていた第二次世界大戦は、またたく間にヨーロッパ全土に拡大し、
日本は翌15年（1940）9月には独伊との間に三国同盟を結んだ。10月には各政
党が解散を余儀なくされて大政翼賛会が発足した。昭和15年（1940）は紀元
2600年にあたる。11月10日には皇居前で内閣主催の「紀元2600年式典」が鳴
り物入りで盛大に挙行された。この頃に生まれた子の多くに「紀」「勇」「壮」
「武」「勝」などの名が見られるほど、世の中は一方向に振れた。蛇足だが15年
生まれの筆者の名は武彦である。

　事態は日を追って岡田が危惧していた方向へと傾き、軍は中央気象台に対し
て、種々の要求を突きつけてきた。陸軍は、すでに昭和14年（1939）に中央気
象台の所管を文部省から陸軍に移したいという接収にも似た申し入れを行ってい
たが、今度は形を変えて、中央気象台に打ち込まれてくる内外からの気象電報を
同時に陸軍気象部へ分岐をして欲しいという要求であった。岡田は、餅は餅屋に
任せろが持論であり、気象業務が国内で二元化されることはそもそも無駄であ
り、気象台の影も薄くなるとの立場から、全力を挙げて抵抗した。しかしなが
ら、陸軍との交渉にあたっていた大谷東平は「先生、もう駄目です」と岡田台長
に報告した。気象専用線を中央電信局から陸軍気象部へ分岐することを承知せざ
るを得なかったのである。岡田にとってはどうしても譲れない線が突破された。
昭和16年（1941）7月2日、御前会議で「国策要綱」が採択され、岡田の進退
はここに極まってしまった。

　その後に、岡田が軍令部に呼び出されたときの様子について、大谷は次の要旨

を回顧している。

「昭和 16 年の夏頃、岡田と藤原が海軍の軍令部に呼び出され、同行した。軍令部などはその入口を入るだけでも恐ろしいことであるが、軍はついに米、英両国を相手として戦わざるを得なくなったから、協力して欲しい旨を聞かされた。皆は、協力とは人を出す、防弾建築をつくる、特別な予報を出す、暗号の準備をするなどのことかと思案し、軍令部を退出した。岡田が低い声で『米国や英国となぜ戦争などをするのだろう。絶対に勝味などはありはしない。日本もここまで来たら、一度戦争に負けなければ、とても目は覚めまい』とはっきり言った」

岡田のこの発言はもしも漏れたら生命の危険すらあった時世である。岡田にとっては、負けることが判っている戦争に協力することは、自分の信念が許さなかったのである。これまで何度か辞任の申し出をし、その度に慰留をされてきた岡田が、ついに気象台を離れる日がやってきた。昭和 16 年（1941）7 月 30 日、辞令は依願免本官である。なお、その前日付で、高等官から天皇の親任式を受ける親任官待遇に昇任した。この回顧で注目すべき点は、岡田らの幹部は、この呼び出しの時点で軍令部から戦争必死との第一級の機密を聞かされていたことになる。したがって、少なくとも彼らは、そのことを念頭において以後の中央気象台を指導したことは間違いない。また、岡田に同行し、まもなく中央気象台長を継ぐに到った藤原咲平は、その後の彼の言動を見るとこうなった以上、自分たちは戦争の遂行に協力するほかはなく、神命を賭すべきと決意したように思われる。岡田は退官挨拶の中で、心底を次のように述べている。

「（前略）。私は予てから退職するときは出来得べくんば秋にならないに内にしたいと願っていました。退職するときは誰しも一抹の寂しさを感じるものですから、秋になって虫の声が聞こえて来てからではひとしおの淋しさ覚えるので甚だ辛いからであります（後略）」

◇藤原台長の決意　昭和 16 年（1941）7 月 30 日、藤原咲平は、岡田を継いで中央気象台長となった（図参照）。藤原は就任の挨拶で、時局の重大性に触れ、綱紀粛正の必要性を論じ、職員の一致団結などを求めている。彼の人柄がよく現れているが、筆者には真意がよく分からない部分もある。抜粋

図2.4　岡田（左）と藤原（右）［岡田りせ子氏提供］

する。

　なお、この交代は、既述の海軍軍令部に出向いてから、何日も経っていない時点である。そして、この挨拶の半年後には真珠湾攻撃が決行され、太平洋戦争に突入した。このとき気象台のスタッフは、外地を含めてすでに3,000人規模になっていた。ちなみに、現在、気象庁の職員は約5,000人である。

　「岡田前台長閣下が功成り名遂げて御退官に成りました。（中略）。私はただ一途、前台長の作り上げられたこの気象界の醇風を守り、この機構を重んじ、三千の同僚諸君の御協力によりて、この国家の非常時に善処したいと思います。（中略）。衆智を借りて時局に当たりたいと思うております。身分の高下などはかまいません、どなたでもお気付きの点は台長親展として何なりと御遠慮なく御申し出を願います。誠に時局柄つくづく感ずる事は敗戦国のみじめさであり、戦争にはどうしても負けてはいけないと思う事です。その敗戦のよってくる所は国内

の不和であり、意見の対立であり、それが常に敵に乗ぜしめる隙を与えております。少なくとも私全気象従業員は同業者である上にまた、岡田気象学派とも称せられるべき同学の団体でありますから、殊に容易に互譲的精神をもって協同融和一致団結して行けると思います。(中略)。私は当分事務が忙しいので自分の研究は先ず不可能と思いますが、万難を排して談話会や学会に出席しうる時間だけは確保したいと思うております。それによりて諸君の新研究の成果を楽しみたいと思います。(中略)。時局便乗といわば言え、国家本位、伝統尊重、公益優先の趣旨に間違いはありません。今日では自由主義時代の馬鹿が栄え、利口が衰える運命となりました。わが気象界などは以前は大馬鹿でありました。事業自体が公益以外に何もありません。新時代の脚光を浴びて、この大馬鹿も立ち上がる事を余儀なくされているのです。岡田スクールの美しい伝統を維持して全同僚諸君の一致協力を得てもって我国未曾有の国難に当たり万全を期したいと考えます。どうぞ御援助御協力を願います。之をもって就職の御挨拶と致します」

　昭和 16 年(1941) 8 月 15 日、まるで岡田の辞任を待っていたかのように、「中央気象台と陸軍および海軍気象部間の通信機構を調整し気象実況報の速達を図る」旨の訓令が中央気象台に発せられた。また、軍事作戦上最も重要な国内外の気象官署の指定が行われ、国内 53 か所のほか、樺太(3)、朝鮮(14)、関東州(1)、台湾(4)、南洋(全部)、支那(3)で、24 時間勤務の観測体制が確立された。ちなみに、このような 24 時間体制の官署は国内でみれば戦後の昭和 30 年代に到ってもなお引き続き維持されていたが、離島や岬が多く僻地官署と呼ばれて、職員の勤務年限や生活改善を巡って、気象庁における労務管理の大きな課題の一つであり続けた。筆者も昭和 36 年(1961)から 2 年間、潮岬測候所で地上気象毎時観測や高層気象観測に従事したが、後で触れる。

◇藤原咲平の予報者の心掛け　藤原はこうして台長に就任したが、ここで時間を数年遡る。日本の天気予報は、明治中期における始まりから今日まで、それこそ何千何万回もの発表が繰り返し行われてきており、その基盤となる技術は何世代にわたって磨かれ継承されてきた。先に「天気図時代」と区分した昭和 10 年(1935)代頃までを見れば、その真髄は岡田武松から藤原咲平へ、そして大谷東平へと引き継がれたと言っても過言ではない。藤原は昭和が始まった頃には 40 代の半ばに達していたが、「お天気博士」や「雲博

士」の名を欲しいままにしていた。藤原は、天気予報作業についての考え方を彼なりに進化させ、昭和8年（1933）、気象台の部内技術誌に「予報者の心掛け」と題して、開陳している。

　これは岡田に始まる予報技術に携わる者の留意すべき点を網羅した、藤原の集大成とも見ることができる。予報者が踏まえるべき諸点をそれこそ微に入り、細に入り説いた一種のバイブルである。予報技術の基礎がすっかり数値予報に置き換わった今日でも、予報者が持つべき心的な態度として、なお意義を持っている点が多い。

　「心掛け」と「心得」の二つのパートで述べられている。次に、要点を挙げる。まず「心掛け」として、

(1)　時勢に遅れないようにするため、書物や雑誌で学問の進歩に注意する。
(2)　天気の局地性を熟知することで、書物だけではなく、観察・統計によってその土地に固有の天気法則を得る。
(3)　予報の成績を常に吟味し、特に外れた場合の原因を探求する。
(4)　他人の予報にも注意し、他山の石とすること。他人の予報があたって、自分が外れた場合は、忘れがちである。
(5)　虎の子をつくらないこと。会得することがあれば、公表すべきである。他人の発表にケチをつけることは一番よくない。

　「心得」はかなり広範にわたっている。
　各論に入る前に面白いことを述べている。天気予報は天文学で暦をつくるようなわけには行かない。七部の学理と三部の直感である。したがって、この三部は八卦けのようにただ気持ちで決めるほかなく、現場ではただ10分くらいで決断しなければならない。判断や直観はともに人間の極めて微妙な能力に属するもので、ほんの僅かの故障でも影響を与える。天気予報でも良い予報は魂の入った予報であり、魂を入れて予報する場合に、初めて心得も必要となる。したがって、この心得は規則のようにして従事者を縛るものではなく、この心得によって行えば有利であるという意味である。これに続いて、11か条の「心得」が掲げられている。

(1) 身体を健全ならしめること。僅かの病気も判断力に影響する。

(2) 精神を健全にすること。家庭や役向などに気がかりのことがあってはいけない。

(3) 予報期間中はなるべく予報のみを仕事とし、他事に携わらぬこと。精神の散逸を嫌うからである。

(4) 遊戯に凝っては行けない、碁や麻雀など強く精神を引き付けるものはよくない。

(5) 同じ意味で研究もいけない。研究は楽しみなものでまた凝りやすいものであるから両者を併せて行うのは弊害がある。しかし、研究を止めれば進歩も止むから、研究は予報当番ではない時か、冬季などで天気が固まって予報の楽な時にやるがよい。

(6) 睡眠不足はいけない。眠い時には良い予報は出ない。

(7) 予報前の酒はよろしくない。飲んでいる間は却って頭が明晰になったように感じるが、吟味すればそれはじつは妄想であることがわかる。ただ禁酒せよとは言わぬ。そうなると筆者の如きは一番困る。

(8) 心を動かさぬこと。

　藤原は、この (8) 項では予報者が心を動かされやすい 10 の事柄について、懇切に助言している。キーワード的に挙げれば、世間の毀誉や祭日、台風の場合の興奮に対する戒め、予報を失敗した場合の動揺の戒め、前に出した自分の予報に引きずられないこと、他人に注意された時、相手の人柄を考えて影響を受けないように工夫すべきこと、自分や世間に都合よい方へ引きつけられないこと（子どもの運動会だから天気にしてやりたい気持ちが動き、幾分良く発表し勝ち）、予報の当否は眼中におかずに虚心坦懐に天気に対すること、すらすらと予報が決まるときは大概上出来、自分の発見した法則や前兆を買いかぶるな（ビヤークネスの予報の失敗は極前線を考えすぎた（注：ノルウエーの J. ビヤークネスは、大正 7 年〔1918〕の論文で低気圧が前線を伴うことを発見した）。

(9) 天気図に対しての心得

　1．なるべく自分で気象電報を記入すること。等圧線は自分で引き、等圧線だけにとらわれるな。

　2．気圧変化、雲の状態、風向の変化、気温分布、上層の気流はたとえ好天時でも注意を怠るな。

　3．前日からの天気の変化す速度を数量的に見ること。

　4．その年、その時の天気の癖を見ること。天気図が同型でも癖が違えば、同
　　じ天気を繰り返さない。

（10）必ず空模様をみること。朝夕、日中、夜中も常に見ること、窓からでは不
　　十分で必ず全天が見える場所で行なうこと。

（11）発表の心得

　1．自分の範囲を確認し、その埒外に出ないこと、細かいことまで言い過ぎる
　　な。

　2．前に出した発表となるべく調和を保つこと。

　3．冗長はいけないが、解りにくいのはいけない。他人に誤解される文句は避
　　けて、なるべく口調よく。

　4．世間の気持ちを斟酌すること。旱天のとき世間は驟雨を強く望む。一旦
　　しっかりした見込みがついたら、最も明瞭に言い切る。迎合はよくない。


　以上で、藤原による大体の心得と心掛けを述べたが、とくに大切なことは心を
動かさないことで、平素の稽古が必要なことである。禅の方法もあるが、各自工
夫して、自分に適した方法を編み出すべし。しかし、西洋流の心理学にはこのよ
うな修練について何も方法が示されていないようである。

　ちなみに、気象庁には現在でも「測候精神」という言葉が残っている。明示的
な定義は見あたらないが、既述の岡田と藤原が述べた気象人たる者のあるべき姿
を意味していると筆者は思う。

## 2.4　国際社会への復帰と気象業務法の制定

　太平洋戦争の終結と同時に、日本の気象業務はすべて連合軍（GHQ）の監督・
指示の下に置かれたが、昭和27年（1952）のサンフランシスコ平和条約の締結
に伴って、中央気象台も国際社会に復帰した。国連に加盟が認められ、その専門
機関である国際気象機関（WMO：World Meteorological Organization、本部はスイ
スのジュネーブ）および国際民間航空機関（ICAO：International Civil Aviation
Organization、カナダのモントリオール）にも加盟した。

　この復帰に合わせて種々の国内法が整備されたが、気象業務については新たに
「気象業務法」（以下、業務法と呼ぶ）が、同年6月2日に制定され、8月1日か

ら施行された。全体は7章、50条で構成されており、現在の気象業務の基本が定められている。同法の目的は「気象業務に関する基本的制度を定めることによって、気象業務の健全な発達を図り、災害の予防、交通の安全の確保、産業の興隆等公共の福祉の増進に寄与するとともに、気象業務に関する国際的協力を行うことを目的とする」と掲げられている。その後、今日まで「気象予報士制度」や「特別警報」の制定など幾つかの改正が行われたが、基本は変わっていない。

　意外に思われるかもしれないが、業務法にも気象庁長官の許可を得ないで予報を行い、あるいは警報を行った場合などには、50万円以下の罰金を課す規定がある。

　ここで気象庁の業務を律している法体系および組織を概観してみる。図2.5は憲法を出発点として、気象庁の組織、気象業務法および関連する政令、規則、さらにほかの法律との位置関係を図示したものである。なお、この図は現在の時点であるが、伊勢湾台風における災害を教訓として制定された「災害対策基本法」などを除けば基本は当時と変わりない。

　気象庁は「国家行政組織法」にその根拠を持っており、「国土交通省」の外局として、気象庁を置くと規定されている。ちなみに気象庁のほか、観光庁および海上保安庁、運輸安全委員会が国土交通省の外局となっている。気象庁の内部組

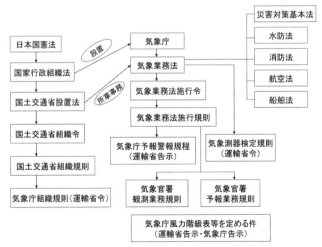

**図2.5** 気象庁の組織・気象業務法・関連する政令および規則と，ほかの法律との位置関係

```
気象業務法（全体は50条で構成、昭和二十七年六月二日法律第百六十五号）
第1章　総則：目的、定義、任務
第2章　観測：観測（気象庁および気象庁以外）の方法、使用する気象測器、観測成果等の
　　　　　発表など
第3章　予報及び警報：予報及び警報、予報業務の許可、許可基準、気象予報士の設置、
　　　　　　　　　気象予報士に行わせなければならない業務、警報の伝達、警報の制限など
第3章の2　気象予報士：試験、一部免除、資格、指定試験機関の指定、試験員、登録、
　　　　　欠格事由、登録事項の変更の届出、登録の抹消
第3章の3　民間気象業務支援センター：指定、業務
第4章　無線通信による資料の発表
第5章　検定：合格基準、検定の有効期間、型式証明
第6章　雑則：気象証明等、気象測器の保全等、土地または水面の立ち入りなど
第7章　罰則：
　　　　（罰則の例）気象測器の破壊などは、三年以下の懲役若しくは百万円以下の罰金、
　　　　　　　　　又はこれを併科する。
　　　　　　　　　無検定の気象測器の使用、無許可の予報業務、気象予報士以外の者に
　　　　　　　　　よる気象の予想、気象庁以外の者による警報などは、50万円以下の罰金
```

図2.6　気象業務法の章立てとキーワード

織はその機能や権限に応じて、「国土交通省組織令」、「国土交通省組織規則」、「気象庁組織規則」などによって規定されている。各組織の長のポストは、その責任と権限に応じて、本庁の部長は政令職、課長は省令職などと呼ばれる。

　ここで業務法の特徴や気象庁の任務などを簡単に述べる。図2.6は、気象業務法の章立て示したものである。各章を一瞥すれば、法律の内容がほぼわかると思われるが、若干の説明を加えたい。なお、業務法の制定時は、気象予報士や予報士試験などに関わる第3章の2と3の部分はなかった。これらについては改めて本書の第7章で触れる。

◇用語の定義　　世間では「気象」や「観測」、「予報」、「警報」という言葉がいろんな場面で使われているが、業務法では「気象」とは大気（電離層を除く）の諸現象をいう。「観測」とは自然科学的方法による観察あるいは測定を言う。「予報」とは観測の成果に基づく現象の予測の発表を言う。「警報」とは重大な災害の起るおそれがある旨を警告して行う予報を言うと、それぞれ定義されている。

　本質的な事項ではないが、「気象」の定義に関して、オーロラなど電離層における大気の諸現象が、気象の対象から除かれていることである。これは、気象業務法が制定された当時、旧郵政省の電波研究所が電離層を対象とした研究などを行っていたことなどに起因している。なお、電離層の高さは約100 km程度の上

空であることから、電離層における諸現象は気象庁が天気予報を行う上で何らの制約とはなっていない。ちなみに国立研究開発法人情報通信研究機構は「宇宙天気予報」を行っている。

　したがって、この定義によると予報は、観測の成果に基づくこと、現象の予想、予想の発表の三つの要件を満たす必要がある。逆に要件の一つが欠ければ「予報」でないことになる。例えば、予想の発表は一般への公表を意味することから、予想を個人用あるいは自家用に行うことは予報にはあたらないことになる。また「観測」の定義に従えば、星占いや八卦けなどによる予報は、そもそも自然科学的な観察に値しないことから、たとえ予想を一般に公表したとしても「予報」には該当しないことになる。このように業務法の世界では、「予報」と「予測」は明確に区別されており、法律的には「予報を発表」とは言わず、「予報を行う」となる。また「予報」行為は、後述の民間における予報業務の許可や天気予報に係わる罰則にも関係している。

　次に「警報」について言えば、警報はあくまで予報の一種であることである。予報との相違は、警報は重大な災害の起こるおそれがある場合に行われることである。このため警報の伝達について、後述のように特別にNHKなどに周知・伝達の義務が課せられている。

◇気象庁の任務　「気象庁長官は気象、地震動、火山現象、津波及び高潮の予及び警報の中枢組織を確立し、維持することに努めなければならない」との趣旨が第三条に掲げられている。また、これらの予測および警報に関する情報を迅速に交換する組織の確立と維持も課せられている。

　具体的には、第十三条で「気象庁は、政令の定めるところにより、気象、地象（津波、高潮、波浪及び洪水についての一般の利用に適合する予報及び警報をしなければならない。地震にあっては、地震動に限る」との報告が規定されている。この条文が、気象庁はいわゆる「天気予報」を行うべき義務を有していることから、天気予報は気象庁の独占的あるいは専管的事項であると言われる所以である。

　これに関連して、気象庁以外の者による予報について触れる必要がる。第十七条は「気象庁以外の者が気象、地象、津波、高潮、波浪または洪水の予報の業務（以下、予報業務）を行おうとする場合は、気象庁長官の許可を受けなければならない。

　前項の許可は「予報業務の目的及び範囲を定めて行う」と規定している。したがって、業務法の制定当時から、気象庁以外の者が予報を行うことは想定されていた。しかしながら、気象庁は長い間、法律を制限的に運用し、特定の者を対象とした予報や気象庁の予報を解説する「解説予報」に留まっていた。なお、近年の民間による予報の実現と、従来の警報の上位にあたる「特別警報」が織り込まれた。

◇警報の伝達　　気象警報は重大な災害の発生のおそれがあることを警告するものであることから、業務法の第十五条で、警報の通知先とその扱いを定めている。主要点は以下のとおりである。

(1)　気象庁は、気象、地象、高潮、波浪、洪水の警報をしたときは、直ちに関係機関に通知しなければならない。関係機関は、警察庁、国土交通省、海上保安庁、都道府県、東・西日本電信電話株式会社、日本放送協会である。

(2)　警察庁、都道府県、東・西電信電話株式会社は、直ちに通知された事項を関係市町村長に通知するように努めなければならない。

(3)　市町村長は、直ちに通知された事項を公衆および所在の官公署に周知させるように努めなければならない。

(4)　国土交通省は、直ちに通知された事項を航行中の航空機に周知させるように努めなければならない。

(5)　海上保安庁は、直ちに通知された事項を航海中および入港中の船舶に周知させるように努めなければならない。

(6)　日本放送協会の機関は、直ちに通知された事項を放送しなければならない。

　警報の通知で注意すべきことは、通知の迅速性と義務の度合いである。日本放送協会（以下、NHK）のみが、直ちに放送しなければならない義務をおっており、ほかの機関は努めなければならないとされている。NHKは、この第十五条の規定を遵守して、テレビあるいはラジオの放送を一旦中断あるいは並行して、警報を放送している。なお、民間放送には、法律的には放送の義務はないが、警報の性質からNHKと同様に放送を行っている。

◇気象業務法と関連する法律　　気象業務法は、気象庁の行う業務を規定しているが、ほかの省庁が所管している業務および法律と

幾つかの接点を持っている。

**災害対策基本法**　台風による大雨などが予想されるとき、しばしば「避難勧告」や「避難指示」という言葉をテレビやラジオなどで目や耳にするが、これは「災害対策基本法」で規定されている市町村長の義務行為である。もう半世紀以上も前の昭和34年（1959）9月、伊勢湾台風の来襲による高潮などによって5,000人を上回る犠牲者を生んだ。

　しかしながら、当時はこうした災害に関して、国や都道府県などの行政機関の果たす役割および住民の義務などについて、統一的な定めは存在していなかった。「災害対策基本法」は、この伊勢湾台風による災害を機に、昭和36年（1961）11月に制定された法律である。この基本法は全体が10章、117条で構成されている。災害対策基本法の気象との関連で最も重要な事項を次に述べる。

　一つは「都道府県知事は、気象庁およびその他の国の機関から災害に関する予報もしくは警報の通知を受けたときは、関係機関および住民等に伝達しなければならない。また、市町村長は、住民その他公私の団体に伝達しなければならない」旨が定められている。

　これを受けて、「○○地方に、△△警報が発表されました」などが地域防災無線を通じてアナウンスされる。

　もう一つは、災害が予想される場合の住民の避難に関するもので、市町村長に「避難勧告」と「避難指示」の二つを行う権限を与えている。すなわち、避難勧告は「人の生命又は身体を災害から保護し、その他災害の拡大を防止するためとくに必要がある認めるときに、関係者に避難のための立退きを勧告することができる」と規定されており、避難指示は「急を要すると認めるときは、これらの者に対し、避難のための立退きを指示することができる」旨が規定されている。

　ここで重要なことは、これらは市町村長の権限であるが、その根拠となる最も重要な判断情報は、気象庁の警報および関連する情報であり、かつそれに対する当該市町村および首長の理解と判断力が問われる。現在でも、「警報の内容をよく確認していなかった」や「そこまで想定していなかった」などの言葉を耳にするが、行政官である市町村長の意思決定を支える技術スタッフの役割は極めて高いと言わざるを得ない。

　なお、最近、「避難準備情報」に関する条文が加わった。

**船舶安全法**　船舶は安全な航海を行うためには、波浪や風、霧などの実況および

予測は不可欠である。また、気象庁が気象予報を行うためには、洋上の気象観測データは、極めて重要である。これらを踏まえて、船舶安全法で「無線設備を備えるべき船舶は、気象測器を備え付けなければならないこと、また航行中は観測結果を気象庁長官に報告しなければならない」旨を規定している。これに沿って、現在でも日本周辺の海上の観測データが、銚子無線局などを経由して気象庁に入電されている。

**消防法**　湿度や風の条件は、火災の予防や発生などにとって、重要な気象条件である。消防法は、火災の警戒に関して「気象庁は気象の状況が火災の予防上危険であると認めるときは、その状況を直ちに都道府県知事に通報しなければならないこと」などが定められており、これに沿って気象庁から「火災通報」が都道府県知事へ、そして「火災警報」が市町村から発令されている。

## 2.5　高層気象観測（ラジオゾンデ）の導入

　空気より軽い水素や窒素をゴム気球に充填して飛揚させ、上空の気温、気圧、湿度などの気象要素を、無線を用いて観測する測器を一般に「ラジオゾンデ（Radiosonde）」と呼び、風向風速も観測できるものを「レーウィンゾンデ（Rawinsonde）」という。上空の風は、戦時においては航空作戦などにとって極めて重要であり、日本でも太平洋戦争前に開発が進められた。

　しかし、定常的な観測が始まったのは戦後の昭和23年（1948）である。かつては飛行場で風船を飛ばせて、既述の経緯儀で追跡して風を観測していた。当初日本では、アメリカで開発された野戦用の機器と同型が用いられたが、昭和20年代に入って、ゴム気球に気圧計、温度計、湿度計の入った小箱を細いロープで吊るして飛揚させる「ラジオゾンデ」が実用化された。ゾンデは観測データを符号で地上に送信する「符号式」と呼ばれ、浮力によって毎分約300 mの割合で上昇し、約30 kmの高度まで1時間半ほどで観測が終わる。風向風速の観測は、気球の位置（高度角と方位角）をアンテナで地上から時々刻々追跡し、その軌跡を水平面に投影することにより間接的に求める。作業はかなり複雑で、ゾンデからのモールス符号を受信して、計算尺を用いて先ずゾンデの高度を求め、次いでゾンデの水平移動を計算し、作業机の上にゾンデの軌跡をプロットし、風向風速を求める。

　現在のゾンデ観測では、GPSの受信機が搭載されており、気球の水平位置の

変化から風向風速が自動的に計算され、国際的気象通報に従って「高層気象電報」として組み立てられ、気象庁に送られている。また、観測データは国際気象回線を通じて、世界に流されている。気球は最後に膨張に耐え切れず破裂して落下する。ちなみに破裂はそれまで減少していた気圧が逆に上昇に転じることでわかる。人に危害を与えないように、落下に際してパラシュートが開く仕掛けになっている。

　レーウィンゾンデによる上空の観測データは、次項で述べる数値予報の計算において必須の要素である。国内で 16 か所、世界で約 1,600 か所で、一斉に同じ時間（世界標準時 00 時と 12 時、日本時間午前 9 時と 21 時）に行われている。かつては、午前 6 時と 15 時にレーウィンと呼ばれる簡便なゾンデを用いて上空の風のみを観測していたが、現在では行われていない。

　一方、近年、ゾンデも技術開発が進み、無人による自動放球による観測のほか、既述の GPS を利用した「GPS ゾンデ」も用いられている。これらのゾンデは、すべて使い捨てであり、毎回新品が用いられている。ちなみ一回の飛揚観測のコストは約 3 万円で、年間予算は数億円を要する。開発途上国では、その観測を維持するだけでも大きな負担となっている。

　なお、現在は、後述する気象衛星でも、風などの観測が可能になっているが、ゾンデによる風や温度の観測は、その較正用のレファレンスとして、依然として欠くことのできない地位を保っている。図 2.7 の左は人手によるゾンデの放球であり、右は自動観測所での放球で、屋根が左右に開き、レーウィンゾンデが放球された瞬間の様子を示す。観測所の中にゾンデ追跡用のアンテナがある。

　なお、ラジオゾンデによる観測は、小箱の上部に取り付けられた白金抵抗温度計と電気式湿度によって行われている。また、気圧計や電池、送信器部分などは小箱に格納されている。

　ここで筆者の潮岬時代のエピソードを一つ紹介する。台風接近時などは気球が風に煽られて激しく大きく揺れ地面に接しそうになる。破裂すれば発火の危険性もあり、それによりもう一度揚げなおす羽目になる。こんなときの放球は当番以外の応援を得て、背中で花ビラのような円陣を組んで、その中央にゾンデを支えたこともたびたびであった。その頃のゾンデ観測データはゾンデから送信されてくるモールスの略号数字符、例えば「・・―」「―・・・」「・・・―」「―・・」「・―」（この場合 28371 に対応）のようであった。当番者は、この数字群から対

**図2.7**　ゾンデの人手による放球（左）と無人のラジオゾンデ観測装置による放球（右）
　　　　［気象庁提供］

応する気圧や気温などの気象要素を読み取り、計算尺を用いて、気球の高度や風
を計算する。ゾンデの電波が雑音などで弱くて印字機の調子が悪い場合は、耳に
レシーバーをあてて受信し、モール符号を頭の中で数字に変換して書き取る。

　ちなみに、ゾンデの中身には中学や高校の理科の実験にも十分使えるような仕
掛と機械が一杯詰まっている代物で、飽きることはなかった。零下50℃にも達
する酷寒にも耐えるように、水を入れると発熱して起電力が生まれる「注水電
池」が用いられていた。今では乾電池が用いられている。

　エピソードをもう一つ。筆者は既述した気象庁研修所の「高等部」を昭和36
年に卒業、最初の赴任地が「大阪管区気象台観測課」であった。そこで野球部に
入って通信課の連中とも親しくなり、1年後には和歌山県の最南端に位置する潮
岬測候所に転勤し、観測課と高層課に1年ずつ勤務した。高層課のとき、午後9
時の観測が11時過ぎに終了すると、マムシがいるかもしれないサツマイモ畑の
中をピョンピョンと駈け足で独身寮まで戻り、眠りについた。

　また、地上勤務のとき、潮岬測候所のコールサインは「・・・— —・・」で
あったが、これはSOS「・・・— — —・・・」と似ていた。当番のとき、大
阪の通信課から、この呼び出しのコールサインがスピーカーから流れると一瞬ド
キッとした。観測室にたむろしていた、信号を耳で聞いただけで内容がわかって

しまう先輩に「おい、古川、ヘボ代われと言っとるよ」と言われて、緊張が解かれた。

　レーウィンゾンデ観測は、人手による観測データの整理から自動処理になって、かつてのようにモールス符号を人が受信しなくても良くなった。まさに隔世の感がある。

## 2.6　気象レーダーの開発と全国展開

　気象レーダーは、アンテナを回転させながら電波（波長数 cm のマイクロ波）を発射し、半径数百 km の広範囲内に存在する雨や雪の分布や風を観測するシステムである。具体的には、電波をメガホンのようにビーム状にして水平に回転させながら空中に放射し、雨粒からの反射波を受信することにより、雨雲や雪雲の分布と強度を観測する。現象を遠隔的に観測する「リモートセンシング」の典型例である。

　気象レーダーの原理は発射した電波が戻ってくるまでの時間から雨や雪までの距離を測り、戻ってきた電波（レーダーエコーと呼ぶ）の強さから雨や雪の強さを観測する。また、電波が物体（気象では雨粒やちりなど）にあたった場合、物体からの反射波は物体の速度に応じて、ドップラー効果により、周波数が変化を受ける。

　具体的には、ドップラー効果は風がレーダーに向かって吹く場合は送信周波数に比べて受信周波数が高くなり、追い風の場合は逆に周波数が低くなることを利用して、風向風速を観測することができる。ちなみに、野球で投手の球速を測る「スピードガン」も同じ原理であり、筆者もお世話になったこともあるパトカーによる速度違反の取り締まりにも利用されている。

　この原理を利用した気象レーダーは「ドップラー気象レーダー」と呼ばれ、発射した電波と反射されて戻ってきた電波の周波数のずれ（ドップラー効果）を利用して、雨や雪の動き、すなわち降水域の風の場を観測している。その概念を図2.8 に示す。図 2.9 は長野レーダー（車山の山頂）の観測所と屋上の白いドーム内のレーダーアンテナを示している。図 2.10 はレーダー観測基地の配置を示す。

　ここで気象レーダーの展開を振り返ると、昭和 29 年（1954）の大阪府と奈良県の県境に位置する高安山に設置された大阪レーダーを皮切りに、順次、全国20 か所に拡大された。そのうち富士山レーダーは、後述のように昭和 39 年

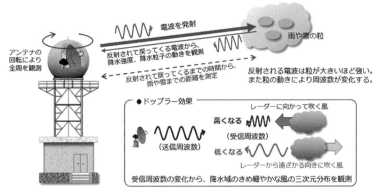

図 2.8　気象レーダーおよびドップラーレーダーの説明図［気象庁提供］

図 2.9　長野レーダーのある観測所（左）とレーダーアンテナ（右）［長野地方気象台提供］

（1964）に非常な困難を克服して建設されたが、気象衛星「ひまわり」の登場で解体された。コラムを参照されたい。なお、レーダーの最後の建設は東京レーダーで、富士山レーダーの観測域を分担すべく、平成 10 年（1998）に千葉県柏市の気象大学校の構内のレーダー塔（高度は約 40 m）に設置され、現在に至っている。

　当初、筆者も従事した大阪での気象レーダーの観測結果は、黒いカーテンで囲まれたレーダー室に設置されている円盤状のブラウン管上にセロハン紙を張り付け、レーダーエコーをスケッチして、ファクシミリで気象庁に送信していた。しかし、昭和 56 年度（1981）から、このエコーをデジタル化する装置の取り付けが始まり、既述のように、すべてドップラー化され、平成元年度（1989）で沖縄地方を除く 17 のレーダーのデジタル化が完了した。

　なお、空港に設置されている「空港気象ドップラーレーダー」では、ドップ

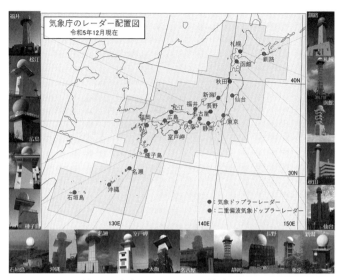

**図 2.10**　気象レーダー配置図［気象庁提供］

ラー効果の機能を活かして、マイクロバースト（下降噴流と呼ばれる）のほか、シヤーライン（風の変化前線）などの検出が可能である。図 2.11 は空港に設置されている気象ドップラーレーダーとマイクロバーストの観測の概念を示す。

　気象庁では既述のレーダーに加えて、令和 2 年（2020）3 月から二重偏波の「気象ドップラーレーダー」の導入を開始している。二重偏波気象ドップラーレーダーは、図 2.12 に示すように、水平方向と垂直方向に振動する電波（それぞれ水平偏波、垂直偏波という）を用いることで、雲の中の降水粒子が雨・雪・雹（ひょう）かの判別や降水の強さをより正確に推定することが可能である。

　この節を閉じるに際して「解析雨量」に触れる。気象レーダーは面として降水強度を観測しているが、この雨量はあくまでレーダー反射強度から降水強度に換算しており、実際の降水量ではない。そこで降水量の実測値と反射強度から得られた降水量を比較し、較正したものが「解析雨量」である。後述の「降水ナウキャストや「降水短時間予報」で用いられる降水量は、この「解析雨量」である。

　気温が 0 ℃ より低い上空で生成された雪片は落下の途中、気温が 0 ℃ となる高度を通過する際、融けて雨滴になる。雪片から雨滴に融ける途中の状態は、い

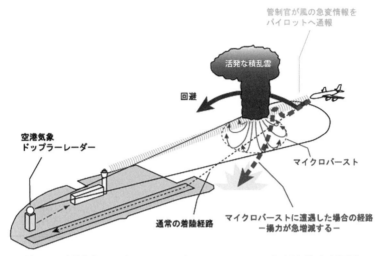

**図 2.11**　空港気象ドップラーレーダーとマイクロバーストの概念図［気象庁提供］

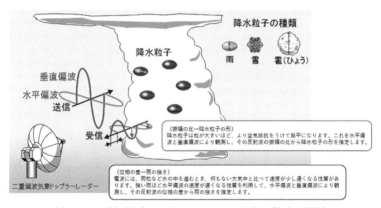

**図 2.12**　二重偏波気象ドップラーレーダーの概念図［気象庁提供］

わゆる「みぞれ」であるが、これは雨滴よりも粒が大きい上、表面が液体に覆われている。

　気象レーダーの電波は、対象が固体（雪や霰〔あられ〕）の状態であるよりは液体（雨粒）の方が、また粒子が大きい方が、電波をよく反射するという性質を持っている。このため「みぞれ」は雪片や雨滴よりも強く電波を反射する。気温が 0 ℃となる高度付近で、みぞれが存在している領域は融解層と呼ばれる。融解層では上層・下層と比べて局所的に強い反射が観測され、ブライトバンドと呼

ばれる現象がときおり見られる。このようなブライトバンドが水平に広がりを持っている場合、気象レーダーのアンテナをある仰角で水平に回転させて観測すると、強いエコー（反射）がレーダーサイトを中心とする環状の領域として観測されることがある。

　なお、ブライトバンドの領域においては、以上の理由から雨の強さを実際よりも強く推定してしまう可能性がある。

## 2.7　東洋初の電子計算機導入

　昭和34年（1959）1月13日、横浜港に貨物船プレジデント・ポルク号が接岸した。気象庁から鯉沼寛一予報部長をはじめとする関係者、日本IBMの水品浩以下の関係者達が、船の横に吊り下げられたタラップを昇って甲板へ、そして貨物ハッチの縁から、まるで愛しいわが子を眺めるような眼差しで深い船倉を覗き込んだ。そこには22トンの大型トレーラの荷台にIBM704を格納したコンテナーが鎮座していた。IBM704は、当時世界第一級の電子計算機である。

　船の貴賓室では船長以下、日本IBM、気象庁関係者達が、計算機の無事到着を祝う小さな宴が催された。やがて船倉のコンテナーは、接舷してきた50トン用のクレーン船につり揚げられて、慎重に岸壁に下ろされた。期せずして拍手が起こり、報道陣のシャッターが切られた。数値予報関係者が夢に見、待ち焦がれていた計算機の到着である。図2.13(a,b)は、IBM704を搭載した船を訪れた関係者、IBM704搭載コンテナーの吊上げ風景を示す。図(a)は、タラップを昇る関係者、図(b)はIBM704を格納したコンテナー車の陸揚げ風景を示す。

　ちなみに、筆者はこの年の4月、既述の「高等部」に入学したばかりで、このことはまったく知らなかった。

　さて、トレーラはその日の深夜に横浜を発ち、翌14日の早暁、東京都千代田区竹平町の気象庁の正門をくぐった。コンテナーの横っ腹一面に張られた特大の白布の左半分には、「JMA WELCOME IBM704」「Electronic Digital Computer for Japan Meteorological Agency」「The First in the Orient」の英文が、また右半分には「祝」「みなさんの天気予報をより正確にする……」「気象庁様納入 IBM704」「東洋で最初の超大型電子計算機」「日本IBM」などの文字が踊っている。図2.14はその写真である。よく見ると、「より正確にする」の「より」の文字の上に傍点が付されて、正確さが強調されている。これらの文言は、もとよりIBM側の

図2.13（a） タラップを昇る関係者達［気象庁提供］

図2.13（b） コンテナー車のクレーンによる釣り揚げ［気象庁提供］

図2.14 気象庁に向かって IBM704 を搬送中のトレーラ
［日本 IBM 株式会社提供］

商魂のたくましさの現われであるが、当時の気象庁関係者の待望のものをついに手にしたという思いをくみ取ったものとなっている。もし、この馬鹿でかい白い横断幕で化粧をしたトレーラが、未だ正月気分の残る市中を昼間に走行するさまは、IBM はもちろん気象庁にとっても、まさしく晴れやかな初荷で、きっとテレビをはじめ世間の耳目を集めたに違いない。しかし、当初、IBM 側は横浜港

から気象庁へのコンテナーの輸送を昼間にしたい意向であったと言われている
が、実際の輸送は、昼間の輸送に伴う不測の事態の大事をとって、交通量の少な
い深夜となり、竹平町の予報部正門に到着したのは、翌 14 日の早暁となった。
　図 2.15 は、IBM704 が輸入された昭和 30 年代初めの気象庁付近の航空写真で
ある。前方の奥は大手町、丸の内方面のビジネス街である。右手の下部が気象庁
の施設で、その右は皇居のお堀である。既述のように、気象庁の正門の右横には
気象台のシンボルである時計塔、無線用の鉄塔があり、中央付近は戦時中に建造
された予報作業用の防弾建築庁舎、その右には、この IBM704 のために特別に新
築された電子計算室ビルが写っている。ちなみに、気象庁は昭和 39 年（1964）、
この場所から道路を挟んで左側（お堀の南）の大手町に移転し、大手町時代と
なった。
　さて、IBM704 は数値予報を実行するための電子計算機であった。しかし、電
子計算機といっても現在のような半導体ではなく真空管式ではあったが、当時世
界第一級、東洋初の計算機である。その数年前には同型機がワシントンにあるア
メリカ国立気象局（NWS）でも稼働し、数値予報を始めたばかりであり、異例
とも言えるスピードで輸入された高価な代物である。同年 3 月に計算機の火入れ
式が挙行され、水品浩（当時の日本 IBM 社長）から、記念として紅白のリボン
で結ばれた金色の飾りの鍵が気象庁長官の和達清夫に贈呈された（図 2.16）。こ
の鍵は数値予報課長に代々引き継がれ、現在は気象庁の気象科学館に展示されて

**図 2.15**　昭和 30 年代初めの気象庁付近の航空写真［『気象百年史』
（気象庁編 1975）］

図 2.16　飾りリボンがついた鍵が日本 IBM 水品浩社長（右）より
和達清夫気象庁長官（左）に贈呈［気象庁提供］

図 2.17　IBM704 の全体像．手前にカードリーダ，その奥に制御装置な
どが見える［日本 IBM 株式会社提供］

いる。ここに日本における数値予報の幕が上がった。

　図 2.17 は、備え付けが完了した IBM704 の写真である。その性能に比して、そのバカでかさに注意されたい。IBM704 は既述のように空調付きの専用のビル（電子計算室）を必要とした。中央演算装置の記憶容量はわずか 8,000 語で、プログラムとデータはパンチカードあるいは磁気テープから読み込まれて中央演算装置へ、出力はプリンターあるいは磁気テープであった。現在のノートパソコンの機能のおそらく 1 万分の 1 にも満たなかった。また IBM704 は電力が 50 サイクルで設計されており、関東地方における 60 サイクルからの周波数変換装置も必要であった。さらに通常の商用電力では容量が不足で、近くの神田の変電所からわざわざ特別に電力線が引き込まれたほどである。

　気象庁にとっては、この計算機の導入は、年間借料が約 1 億 5,000 万円と予算

規模から見ると極めて異例の高額であり、一方、日本の当時の計算技術の観点から見ると、まったく別次元の革新的な計算ツールが日本にもたらされたと見ることができる。

　振り返ると、この電子計算機の導入は日本における現代の IT 時代の源流と言っても過言ではない。少なくとも「Fortran」と呼ばれる現在でも広く科学計算に用いられている計算機言語の使用は、日本で最初に気象庁で始まった。多くの技術者や研究者達が、日本 IBM に出向いてプログラムの研修を受け、修了証書も発行された。彼らはその後、この Fortran を使って、IBM のプログラマーも顔負けするような巧妙な数々のプログラミングの開発を自前でやってのけた。

　例えば、現在では、いとも簡単に 2 次元や 3 次元で等値線や立体図を描画するソフトが開発されているが、当時は皆無であった。彼らは、計算機の出力プリンター用紙の 1 行ごとの紙送りと、その行に印字される文字とその間隔を制御して、日本の地図を描き、同時に予測結果を文字の塊で印字することにより、等圧線（等高線）を一種のパターンとして表現した。図 2.18 はその一例である。うねっている帯状のものが、等値線に対応している。このプログラミングは気が遠くなるほど手間ひまがかかる仕事であった。

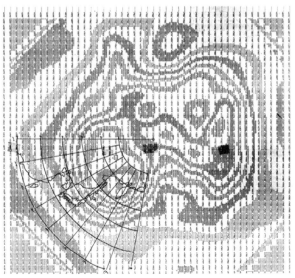

**図 2.18**　プリンター用紙に描かれた日本付近の地図と気圧パターンの例［気象庁提供］

　ちなみに当時のプログラムは、一つの命令文1行ごとに1枚のカード（コーディングシート）に、鑽孔機を使って穴をパンチするしくみであり、一寸したプログラムでもカードの枚数が1,000枚を超えた。現在のように、パソコンの画面からペーパレスでプログラミングができて、しかも遠隔的に計算を実行できる環境とは桁違いであった。

　さて、このような計算機の導入を可能にしたのは、敗戦による価値観の転換や社会の混乱の中から、何とかして新しい時代に立ち向かおうとする人々（気象庁、東京大学、大蔵省、産業界）の熱い輪があった。その輪の中心は東京大学教授の正野重方が率いる「正野スクール」あるいは「NPグループ」である。NPはNumerical Prediction（数値予報）を意味する。グループの結成はアメリカにおける数値予報の研究の進展の報が動機になった。次のようなエピソードがある。

　太平洋戦争中は、欧米の研究動向の入手はまったく途絶えたため、戦後、研究者たちはいち早くその把握に奔走した。当時、何といっても外国の雑誌や文献を一番早く、しかも手軽に知ることができたのは、日比谷公園にあった連合軍（GHQ）の図書館であった。正野の研究室や気象研究所、中央気象台の人々は、ここで競って文献を読み漁ったと言われている。現在のようなコピー機はなく、論文はカメラで写し撮り、持ち帰って現像し、印画紙に焼き付ける方法が普通であった。当時、正野の研究室にいた笠原彰は、「ライカのカメラに35 mmのフィルムをマウントして使っていた」と語ってくれた。

　そんな戦後の間もない昭和24年（1949）のある日、正野教授は、アメリカの新進気鋭の研究者であるチャーニー博士（J. G. Charney）が発表した、中緯度で偏西風の蛇行が始まって、低気圧が発達するメカニズムに関する論文を片手に、気象学教室に飛び込んで来るなり「見ろよ、この論文は大気科学を近代化してしまったよ」と一声を発したという。すでに数年前から、大気中の低気圧などの振る舞いを渦動としてとらえ、そのメカニズムを研究していた正野にとって、この論文は大きなショックを与えた。

　ちなみに、既述のように、偏西風は地球を取り巻いて上空に吹く西よりの風で、上空に行くほど強くなり10 km付近で極大となっており、その強風帯はジェット気流と呼ばれる。チャーニーの発見のエッセンスは、この偏西風の鉛直方向の増加の割合がある閾値を超えると、偏西風が南北方向に蛇行し始め、低気圧および高気圧が発達するというものである。テレビなどで「上空の気圧の谷が

通過し、大気が不安定になります……」と報道されるが、この谷は偏西風が南へ蛇行する部分に対応した谷であり、地上の低気圧へとつながっている。

　この NP グループで注意すべきことは、それがまったくの非公式な研究グループであり、今日でいう「官」の主導ではなかったことである。一方、NP グループは、昭和 30 年（1955）1 月に朝日新聞社が募集していた学術奨励金を受領することに成功した。金額は 100 万円である。当時は、大卒の初任給が 1 万円に満たなかった時代である。NP グループの結成後の昭和 28 年（1953）に、チャーニーに招聘されて、アメリカの「プリンストン高等研究所」に留学していた東京大学の岸保勘三郎博士からは、航空封筒にびっしりと書き込まれたアメリカの研究動向が、連日のように NP グループにもたらされた。

　なお、筆者は、後述のように、いわゆる頭脳流出でアメリカに渡った人々を訪ねて、平成 20 年（2008）にプリンストンも訪れた。

## 2.8　数値予報の幕開け

　数値予報とは、序章でも示したように、気象予測を客観的に行う手法で、しかも気象要素を数値的に予測する技術である。数値予報の原理や手法などは、改めて次章で説明するので、ここでは IBM704 を利用した日本で最初のモデルについて触れる。

　大気中では、地面や海面は太陽からの放射を受けて暖まり、対流や放射などを通じて熱が上空に運ばれ、また水蒸気の供給を受けて、風が吹き、雲や降水が起きている。したがって、数値予報モデルで気象の予測を正確に行うためには、これらのすべての事象を物理的に定式化して、その時間変化を見る必要がある。

　しかしながら、日本で最初の数値予報もモデルは、既述のように熱や水蒸気は考えない極めて近似化された方程式系で行われ、高気圧や低気圧などに伴う大気の流れは予測できたが、とても現在のような予測はできなかった。また台風の予測についても同様であった。

　実際のモデルは、予測方程式系を最も簡略化したものであった。すなわち、大気は 3 次元的な運動をしているが、人気を 500 hPa 面（約 5,000 m 上空）の流れだけに注目した 1 層モデルで、高・低気圧に伴う渦を媒介に予測していた。モデルの名称は「北半球バランス バロトロピック モデル」と呼ばれた。既述の図 2.18 は、気圧パターンの一例で、気圧の谷や峰、風の場が予想されている。当

時はこのような出力図を用いて、気圧の谷の振舞を予測していた。

　ちなみに、現在のテレビの天気予報番組で、「西から気圧の谷が近づいているので」に続いて、細かな予報などが示されるが、当時は現在のような場所や時間帯を示すきめ細かい予測は不可能であった。

　さて、計算に用いられたプログラム言語は「Fortran」で、現在でも科学計算用に広く使われている。数値予報の計算では、難しい計算というよりも、単純な加減乗除の式を何百万回も繰り返して行われている。繰り返し計算（do ループと呼ばれる）を行うプログラムの例を示す。1 から 10 までの足し算である。プログラムの名称が sum、i は整数で、1 から 10 まで順に変えることを意味する。

```
program sum
implicit none
integer total, i
total = 0
do i = 1, 10
   total = total + i
end do
print *, total
end program sum
```

　答えは、total が 55 と出力される。ちなみに do i = 1, 100 とすれば、答えは 5050 となる。

　この例では、命令文（Statenment）は 1 命令文ごとに図 2.19 で示すカードにパ

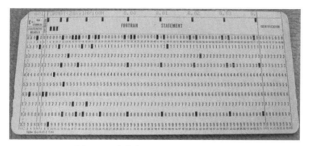

**図 2.19**　命令文がパンチされたカード

ンチ（鑽孔）される。

ちなみに筆者も、「NCAR」留学時代【☞第 3 章コラム⑥】、このようなカードを何千枚も用いた「山越気流」についての数値実験を行っていた【☞コラム④「第 1 回数値予報国際シンポジウム」と椿事】。

さて、大阪時代の昭和 36 年（1961）9 月 26 日、室戸岬に上陸した台風、「第 2 室戸台風」が大阪方面を直撃した。気象台の中庭には、車の屋根に無線中継用のパラボラアンテナを備えたテレビ中継車が何台も乗り込んできた。NHK をはじめ関西放送などは、そこから生の台風情報を時々刻々、テレビに流し出した。筆者は、暴風雨の中を雨合羽を羽織って観測露場に通い、卒業したばかりの使命感にただひたすら浸っていた。

26 日の朝、室戸岬測候所から緊急の呼び出しが入った。「気象大阪、気象大阪、こちらは気象室戸、気象室戸、感度ありましたらどうぞ」と VHF 無線電話で観測課を呼んできた。あまりの強風で風速を記録するインクのペンが記録紙の上限を超えてしまいそうだという。対応を問われた当時の鷲崎博観測課長が、風速計の回路に抵抗を入れることを指示した。10 時 30 分に、記録器および指示器と並列に 500 Ω の側路抵抗を付加し、指示風速が 10/13 になるように調整された。最大瞬間風速がその記録紙上 65 m で目盛り外に出てしまったので、公式記録としては 65×1.3＝84.5 m/sec（11 時 30 分）となっている。なお、室戸岬測候所では、上陸台風の気圧としては、未だ記録が破られていない最低海面気圧 930.4 mb を観測した。

当時は、台風の位置決定および進路予報の権限は、当該の地方中枢に委ねられていた。すなわち大阪管区気象台の仕事である。既述した若き日に中央気象台で室戸台風の事後処理にあたった大谷東平が、今度は最高責任者の台長として予報陣を助言した。2 年前の昭和 34 年（1959）の「伊勢湾台風」の経験もあって、情報提供および避難が適切に行われ、人的被害は免れた。

当時の観測課の仲間には、後に気象庁長官を歴任した小野俊行や気象研究所長を務めた山岸米二郎がいた。観測現業を離れた非番の日には、彼らは高名な気象学者ペターセン（S. Petterssen）が書いた英文のテキストの輪講仲間に筆者も加えてくれた。2 階の予報課には気象研究所長を務めた原田朗がいた。鷲崎博課長は、東京に戻った後『気象百年史』（気象庁編 1975）の事務局長も務めた。彼らとは、筆者が昭和 39 年（1965）気象研究所に転勤し、さらに本庁に移動した時

期に、再び顔を合わせることとなった。

話しを数値予報の開始に戻す。プリンストンにおける岸保とチャーニーとの出会いは、日本の数値予報の導入にとって、かけがいのない僥倖であり、もしその接点がなければ、アメリカの動向の入手もままならず、NPグループの活動も鈍く、したがって電子計算機の導入も大幅に遅れたことは間違いないと、筆者は考えている。

ここで岸保の略歴に触れておこう。大正13年（1924）、広島県の海産物を扱う問屋の三男として生まれた。日露戦争当時はイワシなどを扱い戦地に商ったという。昭和17年（1942）10月東京帝国大学理学部地球物理学科に入学した。終戦直後の昭和20年（1945）9月に繰り上げ卒業して、同12月理学部の正野重方のもとで助手となった。昭和27年（1952）秋、チャーニーに招かれてプリンストンに赴き、約1年半後の29年（1954）1月に大学に戻った。岸保は昭和32年（1957）1月に気象庁に出向し、数値予報に係わる仕事に10年以上携わったが、正野教授の逝去に伴って昭和45年（1970）4月に古巣の理学部の教授に就任し、59年（1984）4月に定年退官した。

さて、昭和27年（1952）、正野教授のもとで助手をしていた岸保のもとに、一目でそれとわかる赤と青のラインで縁取りされたエアーメールが届いた。奇しくも原文は、後述するように筆者がプリンストン訪問の際、図書館で見たものと同じである。

たった1枚の手紙には、チャーニー博士から「プリンストンに来ないか」との招聘状がタイプされていた。

THE INSTITUTE FOR ADVANCED STUDY, ELECTRONIC COMPUTER PROJECT, PRINSTON, NEW JERSEY と印刷されたレターヘッドの便箋には1952年8月8日の日付があり、高等研究所の所長オッペンハイマー（J. Robert Oppenheimer）博士と数学科のフォン・ノイマン（John von Neumann）教授にもCCして回章されている。オッペンハイマーは、第二次世界大戦中にいたロスアラモス研究所から、戦後は昭和22年（1947）にプリンストンの所長に招聘されていた。

Dear Mr. Gambo: に続いて、手紙が始まる。日本語では、

「高等研究所の人事を通常決定する所長が不在ですが、この研究所の教授であ

り、また電子計算機プロジェクト（ECP）のリーダーであるノイマン博士が、あなたに高等研究所の気象プロジェクトのポジションを用意することを認めてくれました。期間は 1952 年 11 月 1 日からの 11 か月で、その間のサラリーは 6,000 ドルです。

　私は、あなたの 7 月 26 日付の手紙から、このような申し出を快諾し、この秋にお迎えすることができると理解します。あなたが私たちのグループに来ることを心より歓迎するとともに、私たちの仲間になってくれることを心待ちにしています。

　私は 8 月 14 日にヨーロッパに出向きますので、この申し出に対する返書は、高等研究所のノイマン博士宛に送るようにしてください。また同時に、あなたが承諾した旨を研究所の宿舎管理課長のルース・バネット夫人にも送付してください。私の留守の間にあなたが到着された場合には、彼女が種々の要望に対応してくれます。

　渡航旅費はこれとは別途に支給されませんが、サラリーの中から旅費の分を前払いすることは可能です。もし、あなたが前払いを望むのであればノイマンへの受託の手紙の中に希望する正確な金額を記してください。そうすればその額が送金されます。」

　Yours sincerely に続いて、Jule Charney, Leader, Meteorology Group で終わっている。

　当時、日本には本格的な電子計算機はなく、幾つかの企業がリレー式の計算機を開発していた。リレー式計算機の一つに富士通信機製造株式会社（以下、富士通）の「FACOM-100」がある。昭和 29 年（1954）10 月に完成した日本初のリレー式自動計算機である。その後継機「FACOM-128B」は国産航空機 YS-11 の設計にも用いられた。NP グループの何人かは、数値予報の導入を展望しながら、企業の厚意でこれらの計算機を利用した。ちなみに「FACOM-128B」は、2009 年に一般社団法人情報処理学会による第 1 回の情報処理技術遺産の一つに認定された。

　なお、日本での真空管を用いた電子計算機の開発は、富士フィルム社であると言われている。昭和 24 年（1949）に開発に取りかかり、昭和 31 年（1956）には計算が可能となり、NP グループの人々も計算時間をもらっている。今日でいう

「産官学」の連携の萌芽がすでに存在していたと見ることができよう。

　他方、気象庁の予算要求を査定する大蔵省主計局の担当主計官であった庭野義夫は、東京大学工学部卒業という技術屋で、このようなコンピュータにも造詣があった。また、筆者が、当時文部省担当主計官であった相沢英之（後に事務次官）を訪ねたとき、「私も庭野君に側面から種々助言した」と語った。主計局の内部でも、将来の国産コンピュータの開発を展望する中で、気象庁の要求を多とする空気が醸成されていたと見られる。

　一方、NP グループの研究成果が日本で初めて総合的に報告された資料がある。既述の朝日新聞社の学術奨励金に対する報告書でもある。ガリ版刷りで、昭和 30 年（1955）11 月の刊行で、全体がもはや黄ばんでいるが、きれいな手書きの文字と数式で埋められた各ページには、当時の数値予報に関する知識レベル、NP グループの各メンバーの問題意識が現れており、さらに未だ電子計算機が手元にないことへの溜息も伝わってくる。IBM704 が導入される数年前である。昭和 28 年（1953）に文部省在外研究員としてアメリカに出張し、アメリカでの数値予報の進捗状況をひしひしと肌で感じていた代表者の正野は、その報告書の発刊の辞で、高速計算機と必要な高層観測データがあれば、明日にでも外国と同じ

図 2.20　NP グループの面々で．前列左から，荒川昭夫，窪田正八，岸保勘三郎，堀内剛二，増田善信，伊藤宏，笠原彰，有住直介，後列左から，真鍋淑郎，藤原滋水，荒井康，大山勝道，毛利圭太郎，寺内栄一，加藤嘉美夫，相原正彦，不詳，不詳，都白菊郎，渡辺和夫，関口理雄，栗原宜夫，不詳，佐藤順一，村上多喜雄，土屋清

ように数値予報が可能であると、以下のように自信を覗かせている。

　「（前略）、現在までの研究成果は満足すべき状態であって、予報精度は前記の
ふたつの悪条件を考慮するならば、勝るとも劣らないと信ずる。今仮に電子計算
機が得られ、海上に於ける高層観測網が充実するならば、即日にも外国とまった
く同じく現業的に天気図が作れる水準に達していることは確言できる」と。

　こうした東京の動きを踏まえて、昭和 29 年（1954）末頃には、新潟、仙台、
大阪、名古屋などの地方官署にも数値予報の研究グループがつくられた。日本に
おける数値予報導入を実現に導いたのは、間違いなくこの産官学連携の NP グ
ループの活動である。そして昭和 31 年（1956）、気象庁は数値予報の導入に向け
て舵を切った。図 2.20 は、NP グループ勉強会の面々である。

## 2.9 「アメダス」の運用開始

　「雨」という漢字の音と関西弁的な「あめだす」の語感が相まって、「アメダ
ス」の名は今やお茶の間まで広く知れ渡っている。「アメダス」は雨、風、気温、
日照時間の四つの気象要素のほかに、積雪の深さ（積雪深）を自動的に観測する
システムである。世の中にはこれにあやかったカタカナのシステム名は数多い
が、やはり最も有名な 4 文字カタカナの一つではなかろうか。
　アメダスは、昭和 49 年（1974）10 月 1 日から運用を開始したが、こんな逸話
がある。テレビに初めてお目見えしたのは、運用から約 10 年後の昭和 58 年
（1983）4 月 4 日の NHK である。もう 50 年も前である。桜井洋子アナウンサー
が、「あめだす」と原稿どおり正確に発音したが、視聴者から「『あめだす』とは
何たる言い草か、女性らしく丁寧に『あめです』と言いなさい」との投書があっ
たという。「アメダス」は（Automated Meteorological Data Acquisition System）の
頭文字などのカタカナ表記で、英語の略号は AMeDAS である。ちなみにアメダ
スの業務上の正式の呼称は「地域気象観測網」である。じつは、この観測網の名
前は観測部の課長会で議論され、「アムダス」などの候補も挙がっていた。「アメ
ダス」となったのには高層課長だった清水逸郎から気象（学）を意味する形容詞
Meteorological の最初の二文字の Me を入れて、AMeDAS とすればとのアイデア
が出され、観測部長の木村耕三も了承して命名された。

　「アメダス」は世界に先駆けて開発・展開された自動的な気象観測システム
（観測ロボット）であるが、国際的に見ても、最も早く開発された先進的な自動
気象観測システムである。アメダスは、昭和47年（1972）に全国展開に漕ぎ出
したが、それを実現させた最大の要因は、気象観測センサーの開発よりもむし
ろ、観測データの収集環境に画期的な変化があったことである。

　すなわち、それまで電話しか利用できなかった電電公社の一般公衆回線を利用
してのデータ通信が可能になったことである。昭和39年（1964）頃から大型電
子計算機を通信回線を利用する方法が始められたが、公衆電気通信法は、電電公
社の専用線の共同使用・他人使用を厳しく制限しており、また、加入電話または
加入電信の回線に電子計算機を接続することという、いわゆる公衆通信回線の開
放を認めておらず、経済界や産業界などのこうした傾向に即応し得ない状態に
あった。結局、郵政省は、通信回線の利用制限を緩和して欲しいという各界の要
望に応えて、電子計算機に接続するデータ通信回線の利用を現実的、段階的に整
備していくことを決意し、昭和46年（1971）2月に法律を一部改正し、今日の
NTTの公衆回線を利用したデータ通信への道が開かれた。

　気象庁のアメダスは、その環境を利用した一番乗りともいえる事業であり、電
電公社も本腰を入れて支援することになった。何と言ってもアメダス観測所1か
所の観測データの送信費用がわずか1度数（当時7円）で済むことであった。今
日、光ケーブルなどの高速回線を利用したインターネットなどのデジタル通信技
術は家庭にまで普及しているが、当時ではまったく画期的であった。

　さて、アメダスの基本計画が策定されたのは昭和46年（1971）春であるが、
その実現に至るまでには、幾つかの課題を抱えていた。少し時間を遡ってみよ
う。

　中央気象台は、気象台・測候所の観測網よりもさらに細かい地上気象観測網と
して、昭和20年（1945）代後半から種々の気象観測所を設けてきた。気候観測
を目的とした気象観測所（甲種）のほか、水害対策用の雨量観測所（乙種）を全
国に展開し、観測および通報および報告を民間や自治体に委託していた。このほ
かに、農業気象観測所も展開されており、さらに気象庁が運営する無人の気象観
測所を含めると、その総計は約1,700地点に達していた。しかしながら、これら
はすべてオフラインの観測網であって、観測データは郵送、人手をかけて統計が
行われていた。また、共通の欠点を有していた。観測と通報を人手に頼っていた

ため、データの入手に時間を要し、集中豪雨など変化が激しい現象の把握と対応が遅れがちあった。

　一方、昭和27年（1952）、28年（1953）には、西日本や紀伊半島などの各地で梅雨期の豪雨に見舞われて、多数の河川が氾濫し、九州北部および和歌山県では、それぞれ千人を超える犠牲者が出た。その対策として、何よりも雨の実態をリアルタイムで把握するための観測網の整備が高まり、中央気象台では「水理水害業務」として、約80地点に有人の気象通報所と山間地を中心に200地点を超す無線ロボット雨量計を展開し、リアルタイムでデータを送信していた。その後、昭和44年（1969）の梅雨期と夏季に全国各地で集中豪雨が発生し、その対策が国会でも取り上げられ、その余波で気象台が計画中の農業用気象観測所の新規的展開が打ち切られてしまった。

　このため気象庁にとっては、これらの多岐にわたる観測所を整理統合して、災害の防止をはじめ、国土の開発や産業の発展などを支援すべき計画の策定が急務となり、昭和45年（1970）から計画がスタートした。このような観測の仕事の所管は観測部であった。

　翌年に気象庁の庁議に観測部から提出された資料を見ると、既述の観測業務上からの要請に加えて、実現のための技術レベル、加えて観測データを約10か所の予報中枢への伝達、地方気象台へのデータの還元などが必要であった。図2.21はアメダス（地域気象観測網データ伝送システムの構成図案であるが、な

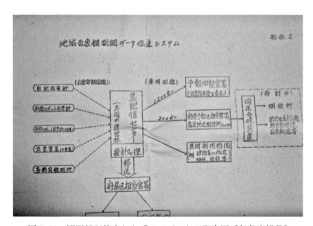

図2.21　観測部が策定した「アメダス」の概念図［気象庁提供］

んと手書きである。オンラインによるデータ収集とデータの責任部局への伝送が
描かれている。

　そんな状況下の昭和 47 年（1972）4 月、気象庁本庁の測候課に呼ばれたのは、
広島地方気象台に勤務していた来海徹一である。来海は、「上の学校に上げるの
は、一軒家が立つ」と言われた時代の昭和 16 年（1941）「気象技術官養成所」に
合格して、鳥取などの地方官署を回っていた。彼は上記の種々の観測所の見回り
やデータ処理を実際に行った経験から、課題や問題点を熟知していた。彼の任務
は、データ伝送を担当することになる「電電公社」との技術的な打ち合わせをは
じめ、通信を所管する予報部との調整、大蔵省への説明など、この基本計画を実
施に移すことであった。一方、カウンターパートの電電公社からは、公社の「電
気通信学園」を卒業した新進気鋭の森本が主担当となり、森本のアメダスとの付
き合いは、その後 10 年の長きにわたった。昭和 59 年（1984）から筆者が観測部
で予算担当の職責にあったとき、森本が隣の「測候課」でよく打ち合わせをして
いた真摯な姿を今でもよく覚えている。

　さて、集中豪雨をもたらすものは、発達した積乱雲の集団であり、その一つひ
とつの広がりは大きくても 10 数 km 程度で、寿命もたかだか 1 時間程度である。
こうした局地的な現象は、全国に配置されている地方気象台および測候所などの
観測網では、とうてい把握が不可能である。来海とともにアメダスの整備計画に
も参画した野村保夫は、アメダスの特徴を漁網を引き合いに「ブリ網ではイワシ
はとれない」と表現したが、この平均で約 17 km というアメダス観測網の細か
さは、低気圧などの大物はもちろん、積乱雲という「イワシ」を捉える代物であ
る。

　来海は、着任の挨拶で観測部長に入ったとき、そこには気象庁付属の気象測器
工場（千葉県）で試作された有線ロボット気象計の受信装置が動いていたと述懐
している。このような試験が部室で行われるのは異例である。部長もくちばし
を入れた。その部長は木村耕三で、東京大学を卒業して気象庁に入った生粋の技
術屋である。彼のアメダスの展開にかけた情熱が気象庁の技術雑誌に残ってい
る。

　現在、アメダスは気象官署の分も含め、降水量の観測地点は全国に約 1,300 地
点であり、このうちの約 850 地点では 4 要素（風向風速、気温、湿度、降水量）
を、また雪の多い地方を中心に約 300 地点では積雪深計を設置して、積雪の深さ

を観測している。また、平成 17 年（2005）からは空港に位置している航空気象
官署のデータもアメダスに組み込まれている。ちなみに今では、現在や過去のア
メダスの観測データを気象庁のホームページで手軽に見ることができる。

　今日では観測データを一般電話回線によって送ることは日常的なことである
が、当時としては全国的にも先駆的なデータ収集システムであった。現在のアメ
ダスは、気象官署とアメダスの風向風速、最高・最低気温のほか、気圧・気温・
湿度の値も 10 分ごとに収集されている。図 2.22 にアメダス観測所の例を、図
2.23 に遠景（福井県）を示す。ポールの頂上にプロペラ型の風向風速計と日照
計、下部の側面の円筒中に気温計と湿度計が取り付けられており、降水量は手前
の円筒状の装置で観測される。

　最後に、現在のアメダスの特徴を見る。あわせて都道府県ごとに置かれている
「地方気象台」における「地上気象観測」との相違にも触れる。

**図 2.22**　アメダス観測所［気象庁提供］

図 2.23　アメダスの遠景［気象庁提供］

(1)　アメダスの観測所は無人であり、自動観測・通報である。気象台ではかつ
　　て有人であったが最近自動化された。

(2)　アメダスは観測要素が非常に限定されている。気象台では、気温、気圧、
　　湿度などの連続および瞬間値も観測している。

(3)　アメダスは有人の地上観測に比べて、観測所の数が極めて多い。降水量は
　　約 1,300 か所、風、気温、湿度は約 800 か所である。

(4)　アメダスの歴史はすでに 30 年を超えたので、平年値（30 年平均）が求め
　　られる状態にある。


　アメダスを運用するため「アメダスセンター」が気象庁にあり、毎正時になる
と各観測ポイント側から自動的にセンターに電話をかけ、自動観測値の結果を通
報している。逆にアメダスセンターから任意の観測ポイントのデータを照会する
こともできる。アメダスの過去データは、地域気象観測毎時降水量日表、同風向
風速日表、同降水量月表などの原簿に記録されている。

　なお、アメダスの初代のシステムでは、それぞれアメダスポイントは固有の電
話番号を持ち、観測の定時になると、電電公社の大手町のビルの中に設置されて
いた「アメダスセンター」から、コンピュータで順次呼び出しの電話をかけ、現
地のアメダス端末に記憶されているデータを入手するしくみであり、また災害時
でも通信が優先される「災害時優先電話」に指定されていた。しかしながら、途

中の地域で災害が起きると、電話回線が輻輳してしまい欠測となってしまう弱点があった。このため、その後のシステム更新では、現地の方から能動的にセンターに向けてデータが発信されるように改善され、さらにアメダスセンターは気象庁ビルに移転され、現在のデータ電送はすべて気象庁が利用している広域的な専用回線網を経由して行われている。

　ちなみに、近年、テレビなどで「気象庁の『解析雨量』によりますと、東京で1時間あたり10 mmの降水がありました」などと報道される。この「解析雨量」は既述の「気象レーダー」による降水強度を、実際に地上で観測された降水量によって較正・補正した（解析した）結果であり、実測ではないが、最も確からしい面的な降水量とみなされている。また、大雨警報中などに「降水ナウキャスト」と呼ばれる画像が、静止あるいはアニメーションで表示されるが、これに用いられている降水も同様な技術を用いている。

　ちなみに、後述のように「降水ナウキャスト」は、1時間先までの降水の予測を行うもので、5分間隔で更新される。その技術は直前の数時間の降水パターンの移動ベクトルを「パターンマッチング」と呼ばれる手法を用いて、自動的に計算し、その傾向を1時間先まで引き延ばしたものである。なお、最近は、降水を200 m四方の細かさで表現する「高解像度降水ナウキャスト」が運用・公開されている。

☀ **コラム②** ～～～～～～～～～～～～～～～～～～～～～～～～～～～～～～～～～～～～～～～～～～～～～

# 風船爆弾

　読者は「風船爆弾」とは何だと思われるかもしれない。太平洋戦争が始まって1年後には、早くもミッドウェー方面で連合軍の反攻が始まった。昭和17年（1942）晩秋、中央気象台の技師であった荒川秀俊は病気を患い、南太平洋のパプアニューギニアのニューブリテン島ラバウルに逗留していたが、日夜、連合軍による激しい空爆に悩まされていた。そんな中で何とかして無人の風船を使って、アメリカを攻撃する手はないものかと夢に描いていた。やっとの思いで帰国するや否や、中央気象台長の藤原咲平を介して、陸軍および海軍に、いわゆる「風船爆弾」のアイデアを具申した。

　荒川は、昭和 6 年（1931）東京帝国大学物理学科を卒業すると中央気象台に入り、その後もずっと研究畑を歩み続け、昭和 43 年（1968）気象研究所長を最後に定年退官した。ちなみに、彼は当時、東京都杉並区にあった気象研究所（当時、筆者も勤務していた）を、現在の茨城県つくば市へ移転することを決意した人物でもある。

　さて、荒川の具申から 10 か月の月日が流れ、日本が連合国軍に対する勝利をほとんど諦めていた矢先、陸軍は、この状況から反転するべく風船爆弾の計画を取り上げ、荒川にその実現のための研究を要請してきた。解決すべき課題はいずれも難題であった。すなわち、風船をどの高度で東へ漂流させるか、どの時期が風船の飛揚に適するか、風船の放球後、アメリカの中心域に達するには何日かかるか、大陸上で風船がどのように散らばるかなどである。現在の数値予報技術を援用すれば、たちまち得られる情報である。

　荒川は、まず館野の高層気象台（茨城県つくば市）の過去の風のデータをチェックしてみた。最も興味のある事実は、館野上空 10 km の月平均風速が驚くべき強風であったことで、2 月では 76.1 m/s で、風向は西（266 度）であった。強い偏西風である（注：2.2 節で述べたように、大石がジェット気流を発見していた）。

　昭和 17 年（1942）当時の高層気象観測点は、仙台、新潟、輪島、館野、米子、福岡、潮岬、大島の 8 か所であったが、いずれも 200 mb（約 12 km）付近で偏西風が最も強いことを見出した。荒川はこの知見に基づいて、風船の漂流高度を12 km とし、太平洋上をカバーする地上天気図の気圧分布と各地の平均気温の減率を仮定して、高度 12 km 面の気圧分布を求めた。図は、12 月の平均の気圧分布の一例である。この気圧パターンが持続して変化しないと仮定すると、空気はこの等圧線（実線）に沿って流れる。荒川は、過去データを用いて、このような解析を連続して毎日行うことによって、太平洋岸からの放球後おそらく 2、3 日で、北アメリカ大陸の中央部に到達すると結論付けた。

　風船は和紙をコンニャク糊で張り合わせ、中に水素ガスが封入されたもので、夜間の低温で縮み、また時間の経過とともに封入されている水素ガスが漏れて、浮力が低下して高度が下がるので、予め搭載されていた砂袋を切り離しながら軽くし、高度を保つ工夫が施されていた。風船の高度は、搭載されている気圧計から算定される、いわゆる気圧高度で制御されていた。

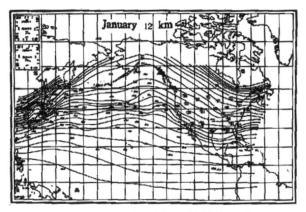

図　12月の平均の気圧分布の一例［荒川 1956］

　なお、昭和19年（1944）11月より翌年4月までの間、茨城県や千葉県の海岸から約9,000個の風船爆弾が放流された。しかし、実際に北アメリカに到達したのは約300個と言われているが、アメリカでは、風船爆弾の被害を新聞などで報ずることにより、その成果が日本に漏れることをおそれてほとんど報道されなかった。

## ☀ コラム③

# 岡田台長、軍部の要請を拒否（中央気象台の独立）

　軍事における気象情報の重要性は、日露戦争当時はさほどではなかったが、支那事変の勃発を契機に、満州、中国方面を中心に急速に高まった。とくに航空機による作戦の開始に伴って、地上および上空の気象情報は不可欠となり、太平洋方面にも拡大した。陸軍は、中央気象台とは独立の気象部門を立ち上げて、気象台を配下におこうと画策し、海軍は気象台と連携する方向を選んだ。岡田は、中央気象台が国の組織として国策に貢献することは当然としながらも、陸軍による政治への介入を無謀なものとして、断固拒否の姿勢を貫いた。それは「岡田武松中央気象台」と「陸軍」との気象行政のヘゲモニーを巡る死闘とも言えるほどに

達した。一方、海軍に対しては、そうでもなかった。この辺りの事情は須田の『岡田武松伝』（1968）の第1章1.4節参照に詳しく書かれている。

　ここでは岡田の目指した中央気象台の独立に関して、陸軍とのやり取りを示す記録を見てみよう。昭和13年（1938）7月、陸軍は中央気象台から推薦した顧問候補を拒否し、青島などの気象観測所の撤退を気象台に申し入れてきた。下相談とはいえ、当時飛ぶ鳥を落とすような陸軍の高飛車な主張に、中央気象台が堂々と渡り合っているのがわかる。以下は、須田（既出）の記録に従う。なお、適宜、句読点を入れ、原文を口語体になおした。

陸軍の中央気象台に申し入れ（下相談）<br>
北支派遣軍特務機関附顧問一人の推薦方

【顧問の任務】

特務機関附（平田大佐を補佐）として北中支政権の気象機関樹立を計画せしめられ度し、（若し将来観象台様のもの出来の場合は、其の観象台長となる決心にて赴かれむことを希望するも、短期間にても可なり、此の場合は交代員派遣を希望す）右に付第一次第二次と気象台技師中より推薦せるも、陸軍にては希望なりと人を指名して推薦者を採らず

第三次推薦（陸軍希望の者）に際しての意見概要

【気象台の要望】

内地における気象台業務上大なる支障あるも短期間に限り本人の同意あらば需に応ず現在在支気象台観測所の観測通報は明治三十七、八年来三十数の久きに互り継続せるものにして、今日之を廃止するは日本における気象事業遂行上大なる支障あり、速に之を（芝罘、済南）再開し度し

【陸軍の主張】

占領地なるに依り軍の命令系統以外のものの存在を許さざる原則なるが故に、気象台観測所の復活を認むる能はず

【気象台の主張】

　支那に於て気象地磁気を観測する為に領事館附として気象台職員を支那に在勤

せしむることは勅令の規定する所なり、支那政府にても之を認め居たる所にして、現に従来気象電報を無料にて一日数回電報を支那電報局にても受理し居れる事実に徴するも既得権と称し得べく、之を自好んで撤退して事業上困難に陥るの必要なきを確信す、気象台観測所の存在せしに依り今回の事変にも相当貢献せしこと明らかにして、軍に於て気象の絶対的必要なる以上、既設気象台観測所を培養して一層充実せしめ之を利用するの便益なるに、何故に撤退せしむるの挙に出るか到底なし能はざる所なり

【陸軍の主張】

　支那を守り立てんとするに在りて日本の何物の存在をもなさんとめざさしむるの方針が故に、気象台機関勤務の職員は差当りは軍属として野戦気象隊に協力して観測に従事し支那政権の気象機関の成立次第其の職員としてと這入らしむることに致され度し、是等の人事は顧問中央気象台長と連絡の下に特務機関附平田大佐と協議して之をなすこと

【気象台の主張】

　支那政権の気象機関充備にして日々の気象電報並に諸種気象報告の完全なる交換の見透し付き、本邦気象事業遂行上何等支障なきに於ては気象台観測所の撤退は躊躇するに非ざるも、然らばざるに限りは飽迄継続する必要あり、軍に於ては之を利用する様致し度し、又職員は文部大臣の命令に依り派遣しあるものなるが故に、中央気象台長限りにて進退せしめ得るものに非らざるが故に、外国政府の職員たらしむこと能わず

☀ **コラム④**

# 「第1回数値予報国際シンポジウム」と椿事

　「第1回数値予報国際シンポジウム」が昭和35年（1960）11月7～12日、「日本都市会館」で開催された。これは日本気象学会が主催し、気象庁、日本学術会議、国際地理学連合の協力のもとで、国内外の気象学者約150名が参加した。気

象庁の数値予報が誕生した翌年のことである。このシンポジウムは、日本の気象界にとって、まさに時代を画する大イベントであった。

　振り返ってみると、このシンポジウムは、戦後の日本の気象界にとって、また、その後の世界における数値予報の発展と気象学者の交流にとっても計り知れない影響を与えたといっても過言ではない。戦後の日本の数値予報技術の発展ぶりを世界に披瀝する絶好のチャンスであり、と同時に気象学会理事長の職責にあって東京大学気象学教室を率いる正野重方教授にとっては、まさに晴れの舞台であったに違いない。

　一方、シンポジウムの企画から開催に至る種々の事務手続きやシンポジウムの運営、さらにエクスカーションと呼ばれる小旅行の企画および実施なども、ほとんどの関係者にとって初めての体験であった。正野の学生たちにも、初めて来日した学者たちの空港への出迎えやエクスカーションへの随行などを手伝った。

　シンポジウムには、既述のチャーニー博士をはじめ、当時の名だたる世界の学者が東京にやってきた。多くは初めての来日であった。

　シンポジウムは、開会式に引き続いて、12のセッションで行われ、12日（土）午前中には全講演を終えて、午後から鎌倉、箱根方面へのエクスカーションが行われた。初日の夕方には歓迎パーティが同センターで、また、11日の午後6時から、文京区の椿山荘で気象庁長官主催のカクテルパーティがそれぞれ開かれた。なお、会議中の午後にはデパート組と博物館組に分かれての都内見学も行なわれた。さらに、シンポジウムを機に、かなりの人が京都や奈良などに足を伸ばした。

　特筆すべきことは、シンポジウムを機に相前後して「正野スクール」の学者の卵たちがアメリカへ渡った。そして彼らの大部分は、つい10数年前までは敵国であった彼の地で、それぞれ確固たる足場を築き、アメリカのみならず世界の気象学の発展に足跡を残したことである。令和3年（2021）にノーベル賞を受賞した真鍋叔郎はその一人である。

　このシンポジウムとは別に、今日風にいえばアウトリーチに位置づけられる一般向けの気象講演会が、11月14日に読売新聞社の主催により東京有楽町駅前の「読売ホール」で開催され、チャーニー博士が「大気中の渦」と題して講演を行った。ホールは約1,000人の聴衆で満席となった。筆者は気象庁研修所高等部の2年生となり翌春に卒業を控えていたが、同級生の平野博、山川弘とともに聴

衆の一部となった。チャーニーのスピーチを気象庁の半沢正雄が逐語通訳した。

　講演は、地球を巡る偏西風のしくみや低気圧の発達論、数値予報などまさにホットなテーマであった。彼がコーヒーカップを持ち上げて、グルグルとかき混ぜながら話す内容は断片的には理解できたが、日本語通訳の方に耳を傾けがちの筆者には、ときどき起きる聴衆の笑いには、とても同じタイミングでは乗れなかった。今をときめく著名な気象学者チャーニーの肉声を聞くという臨場感にただ浸っていた思い出がある。隣の山川は、チャーニーが「低気圧は北半球では必ず左巻きの渦だが、トルネードは、右巻きと左巻きの両方が存在しうる」などと英語で言ったのをはっきりと覚えていた。

　ここで筆者は最初の椿事を起こしてしまった。

　チャーニーが講演を終えて、正野教授らと会場を引き上げるとき、とっさに周りの聴衆をかき分けて彼の正面に進み寄ると、いきなりボールペンと手帳の空白ページを広げて、ぐっと差し出した。「サイン　プリーズ」くらいは言ったかも知れない。取り巻きの面々は一瞬、意外な出来事に当惑さを示しかけたが、それより早くチャーニーはにこりと笑みを浮かべて長い腕を伸ばして手帳を取り上げるや、「Jule G. Charney」とやや右上がりに一気に書きあげてくれた。

　二つ目の椿事は、最初の赴任先の大阪で起こった。筆者は 3 月に卒業すると、同期の島村泰正と大阪管区気象台に配属され、各課を巡って研修を受けていた。気象台の構内にある単身者用の木造 2 階建て明和寮の 1 階の部屋に島村と一緒に住み始めて間もないある夜、その事件が起きた。夕食後、2 階の先輩の部屋で話しこんだ後で部屋に戻ってみると、壁にかけてあった筈の買ったばかりの背広が盗まれていた。島村はコートを盗まれた。背広の内ポケットには、既述の読売ホールでのチャーニーのサインがある手帳も入っていた。

　思わぬ盗難と記念の手帳を失ったことで、ひどく落胆したが、たちまち浪速（ナニワ）の人々の情に触れることとなった。驚いたことに早速救援カンパが取り組まれたのである。そのことは、もうとっくの昔のことで、すっかり忘れていた。

　ところが、かつて一緒に大阪で研修を受けていた島村が、20 数年の歳月を経て、大阪の技術部長についた。そのとき、島村の手元に、すでに OB になっていたカンパの発起人から、カンパの趣意書とリストが届けられ、間もなく筆者にも渡った。当時の寮長の松本久以下、ベテランの熊井輝義、山岸米二郎、中島肇が

発起人となっていた。カンパの趣意書は訴えている。

　「すでに皆さんもご存知の通り、去る11日夜、明和寮2号室に賊が侵入、同室の古川、島村両君の背広上着2着、コート1着が盗難にあいました。従来から、明和寮では何度か盗難事件があり、戸締りなどの点で両君の不注意も原因ではあります。しかし、希望に燃えて、去る1日、われわれの職場に来られた両君にとって、今度の事件は経済的には勿論、精神的にも大きな痛手であろうと思います。両君の失われた品物には程遠いかもしれませんが、たとえ僅かずつでもカンパを募り、両君を慰め、励ましたいと思います。以上の趣旨に御賛同を得ましたならば、とくに金額は定めませんが、両君に対するカンパをお願いします。1961年4月17日」

　改めてリストを見ると、大阪管区気象台内の全課（総務、会計、観測、予報、通信）から100名に近い人々がカンパに応じてくれている。中には1,000円の大枚が記載されている。管区台長の大谷東平からも厚志をもらっていた。リストの隅に、合計19,200円、6,000円−島村、13,000円−古川と分配の走り書きがある。こうして筆者は、再び、新品の背広を注文した。当時、公務員の初任給は月額8,000円程度であった。

　この椿事には、さらに続編があった。数か月後のある日、所轄の生野警察署から連絡が入り、質屋で背広が見つかったという。犯人が「古川」とネームの入った背広を質入していた。提出しておいた盗難届けが手掛かりとなったのである。質屋には、ドロボーが質入で得た金額を折半するという決まりに従って、私は1,000円を払い、背広が戻って来てしまったのである。しかしながら、もはやその内ポケットにはあの手帳は入っていなかった。新参の筆者は、再び、台内で有名になってしまった。既述の岡田武松ではないが、気象一家の思いやりを肌で感じた。

# 第3章 気象観測の高度化と数値予報の進化
## (1964～2021)

## 3.1 気象庁大手町へ移転 ——「地上気象観測装置」の展開

　気象庁は、昭和 39 年（1964）4 月、竹平町から大手町に移転し、新営された 8 階建のビルで業務を再開した（図 3.1 参照）。また移転に合わせて、計算機も前述の IBM704 から国産の最新鋭機に更新され、同時に数値予報モデルもより精緻化された。さらに富士山レーダーが新たに建設された。筆者は、その 4 月に潮岬測候所から気象研究所に転勤し、以来約 20 年の研究活動に転じた。ちなみにその 10 月には東京オリンピックが開催され、東海道新幹線も誕生した。

　さて日常生活や社会活動において、気温の寒暖、風、降水などは重要な情報であり、また、気象予測を行う場合でも不可欠な要素である。第 1 章で述べたように、それらの要素はかつて観測機器を用いて人が行っていたが、昭和 30 年（1955）代に入って、観測機器の自動化が進み、昭和 55 年（1980）に「地上気象観測装置」が開発され、測候所および地方気象台に展開が始まった。西暦年から

**図 3.1**　大手町新庁舎 ［『気象百年史』（気象庁編 1975）］

「80 型」と呼ばれた。現在は「95 型」を経て「10 型」が稼働している。

　この観測装置は、地方気象台などの気象官署および特別地域気象観測所において、気圧、気温、湿度、風向、風速、降水量、積雪の深さ、日照時間などの地上気象観測を行う装置で、各種の測器および信号変換部で構成されている。このうち、気圧計を除く測器は観測露場や庁舎屋上などに設置されており、気圧計および信号変換部は観測室内にある。この装置は、既述の気象要素を観測するために、電気式温度計、電気式湿度計、転倒ます型雨量計、感雨器、電気式気圧計、風車型風向風速計、全天電気式日射計、回転式日照計、積雪計（光電式）、視程計と呼ばれる測器が使用されている。

　なお、雲や視程などの目視観測通報を自動化に切り替えた地方気象台や特別地域気象観測所では、地上気象観測装置による観測結果に加えて、気象衛星から得られる情報などを利用して、天気や大気現象を自動で判別している。

　地上気象観測装置は、地方気象台の構内の「露場」と呼ばれる場所に設置されている。図 3.2 は長野地方気象台に設置されている装置の外観と名称を示す。以下にそれぞれの機器について順次説明する。

図 3.2　地上気象観測装置の設置状況．①通風筒（内部に温度計），②雨量計，③感雨器，④積雪計，⑤電源ボックス，⑥視程計，⑦風向風速計，⑧日照計，⑨全天日照計［気象庁提供］

◇温度計　人がどこかで会えばまず、「今日は暑いですね」、「いつもより涼しいですね」などが、あいさつ代わりに交わされる。古来、寒暖の指標である気温は、日常あるいは社会活動において、最も身近な気象用語として使われており、現在でもそうである。この気温を観測するのが「温度計」である。

　気温とは大気の温度である。また最高気温、最低気温とは、ある一定期間のうちで、それぞれ最も高い気温、最も低い気温を言う。

　気象分野で通常用いられる温度（気温）の単位は、摂氏（セルシウス度〔℃〕）と絶対温度（ケルビン〔K〕）がある。摂氏温度を t で表し、絶対温度を T で表すと、両者の関係は、t＝T－273.15 である。なお、アメリカなどでは華氏（ファーレンハイト度〔℉〕）も用いられている。この両者の関係は、t＝(5/9)×(F－32) である。

　さて、気温（温度）を測定する測器としては、温度によって液体・金属が膨張・収縮することを利用したものと、電気抵抗が変化することを利用したものがある。前者の原理を用いたものにはガラス製温度計、金属製自記温度計（いわゆるバイメタル式温度計）があり、後者の原理を用いたものには電気式温度計（白金抵抗温度計など）がある。これらはいずれも測定しようとするものと温度計を熱平衡状態にして温度を測定する方法である。このほかに物体が出す赤外線が温度によって決まることを利用して温度を測定する放射温度計もあり、これは後述の気象衛星による雲頂温度や海面水温の測定などで使われている。

　気温は細かくみると数秒の内でも 1～2 ℃ の幅で変化しているが、気象観測では観測場所周辺を代表する値を得ることを目的としているので、このような短時間での細かい変動を除いた平均的な値が必要であり、一般に時定数が約 30～180 秒のものが多く使われる。

**ガラス製温度計**　ガラス製温度計は、ガラス管の中に、一端が球部を持つガラス製の細い管を入れ、それに水銀またはアルコールなどの液体を封入し、温度による液体の体積変化を細管の中の液柱の長さの変化として示すものである。ガラス製温度計の構造には棒状型のものと二重管型のものがある。棒状温度計は、棒状のガラス管の中心部に細管を置いてガラス表面に目盛りを刻んだものである。二重管温度計は、棒状温度計の管を非常に細くしてその後ろに温度目盛りを刻んだ乳白色のガラス板を固定し、これをさらに太いガラス管内に封入したものである。

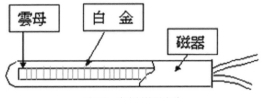

図3.3　白金抵抗温度計

**白金抵抗温度計**　現在、気温の観測は図3.3に示す「白金抵抗温度計」を用いている。測定原理は白金線の電気抵抗が温度によって直線的に変化することを利用している。

◇**電気式気圧計**　気圧の観測は、かつては既述した「水銀気圧計」で観測していたが、現在は「電気式気圧計」で行っている。大気圧の計測センサーには、静電容量式のものと振動式の二つがあるが、気象庁は静電容量式を採用している。このセンサーでは図3.4に示すように、シリコン製の計測エリアがコンデンサーを形成しており、気圧の変化によって電極間の距離が変わり、それが静電容量の変化として検出される。この気圧計は観測室内に置かれている。

◇**アネロイド気圧計**　船舶においては、図3.5に示すような「アネロイド式気圧計（Barometer）」が用いられているが、これは気圧による

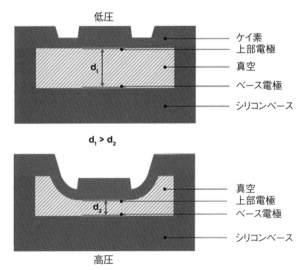

図3.4　電気式気圧計の構造〔©Vaisala〕

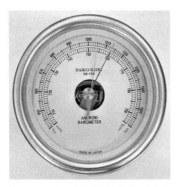

**図 3.5** アネロイド式気圧計［株式会社
大航計器製作所提供］

**図 3.6** 風向風速計の設置状況［高層気象台提供］

空豪の変動に応じて表示針が回転するしくみである。また、航空機においては、同じ仕組みで働く「航空高度計」の設置が義務づけられている。

◇風向風速計　地上付近の風（地上風）を観測する測器が「風向風速計」で、図3.6に実際の機器を示す。この測器はプロペラ式の飛行機のような形状で鉛直尾翼があるために、胴体は風向に平行に保たれてプロペラが風向に正対する。風速はプロペラの回転軸に固定された円盤の回転数で測られ、回転数は円盤に設けられて小孔を光が通過する回数から求められる。回転数と風速の関係は、あらかじめ気象庁の風洞中に、その機材を設置して、検定を行っている。なお、個々に検定はせず、型式証明が行われている。

◇雨量計　「降水量」とは、ある時間内に降った雨や雪などの量で、降水が流れ去らずに地表面を覆ったときの水の深さ（雪などの固形降水の場合は溶かして水にしたときの深さ）である。気象庁では降水量を 0.5 mm 単位で観測している。観測機器は、「転倒ます式雨量計」と呼ばれ、図 3.7 に示すように、口径 20 cm の「受水器」に入った降水（雨や雪など）を「濾水器」で受け、転倒ますに注がれる。転倒ますは一対でシーソーのような構造になっており、降水量 0.5 mm に相当する雨水（15.7 cc = 15.7 g）が「ます」に貯まると転倒し、もう一方のますに降水が注がれる。したがって、ますの転倒回数をカウントすることによって「降水量」を知ることができる。例えばカウントが 10 であれば、雨量は 10×0.5 = 5 mm である。

なお、寒冷地で使用されている雨量計は、降雪量を降水量に換算するため、

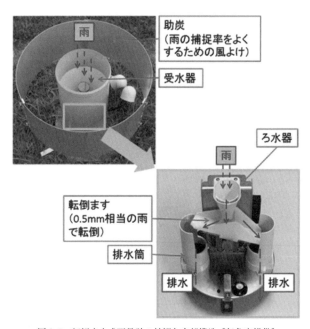

**図3.7**    転倒ます式雨量計の外観と内部構造［気象庁提供］

ヒーターにより雪を融かしてから測るようにつくられており、温水式と呼ばれる。また、受水器の周囲の空気の乱れを緩和するために、助炭と呼ばれる筒状の柵が設けられている場合がある。また、感部の裏側には加熱用のヒーターと温度検出用のセンサーが取り付けられており、降水現象を感知すると同時に加熱用ヒーターの加熱温度を上昇させ雨水の蒸発を早めている。

◇感雨器　　感雨器は降水があったか否かを自動的に検知する装置である（図3.8参照）。感雨器の表面には、図に見られるプリント板電極が張り付けられており、降水による通電（ショート）を検知している。感雨面は直径約8cmで、水はけをよくするため頂部は傘状に傾斜している。

◇日射計　　日射の強度と量は気象の現況の把握および予測のみならず、日常生活や農産業などにとっても重要である。日射計は日射の強度を観測するのが目的で、各地方気象台に設置されている。

　地表における日射は、地表に直接降り注ぐ「直達日射」と、日射が空気中の水蒸気や雲粒や雨粒、さらにちりなどによって散乱される「散乱日射」の両者の合

図 3.8　感雨器の外観［気象庁提供］

図 3.9　日射計の概観［光進電気工業株式会社提供］

計である。図 3.9 は日射計の概観を示す。

◇日照計　　日照時間は「回転式日照計」で観測されている。図 3.10 に示すように、ガラス円筒内に、本体の主軸（南北方向）に沿って 30 秒で一回転する散乱反射鏡（以下、反射鏡）が取り付けられている。この反射鏡による反射光（太陽光）が受光素子（焦電素子）に導かれ、受光素子に太陽光が入ったときに太陽光の強度（直達日射量）と「日照の閾値 $0.12\,\mathrm{kW\cdot m^{-2}}$」を比較して、閾値以上あれば「日照有り」のパルス信号が出力される。

◇湿度計　　湿度は日常生活にはもちろんのこと、天気予報においても不可欠な気象要素の一つである。ちなみに、気象学によれば大気が含むことができる最大の水蒸気量は気温のみで決まる。したがって、湿度と気温がわかれば、含まれている水蒸気量が求まる。湿度を観測する測器が「湿度計」であるが、湿

図 3.10　回転式日照計［高層気象台提供］

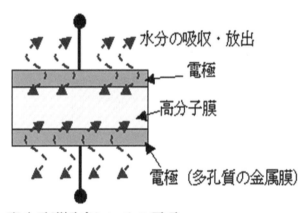

図 3.11　湿度計の概念［気象庁提供］

度計には、「デジタル湿度計」のほかに、「アスマン通風乾湿計」がある。気象庁における湿度の観測は、高分子膜の吸水性を利用した「デジタル湿度計」で行われている。

◇電気式湿度計　湿度計の感部は高分子膜を絶縁体としたコンデンサー構造で、この高分子膜の吸湿性を利用し、相対湿度の変化による静電容量の変化を電気信号に変換する構造になっている（図 3.11 参照）。

◇積雪計　積雪計は雪の深さを観測する測器で、図3.12に示すように、支柱に
固定された積雪計の感部から超音波あるいはレーザ光を下方に照射
し、それが雪面で反射して感部に戻るまでの時間差を計測することにより、積雪
の深さ観測する。支柱の影響を避けるために積雪計は支柱と約30度傾けて設置
し、降雪板は露場に置かれている。なお、人による赤外線変化を検出するため
に人体検知器を併設しており、検知した場合は一定期間レーザ光の照射を止める
ようになっている。

◇視程計　どのくらい遠方まで見通しがあるかを観測する機器が視程計である。
そのしくみは、図3.13に示すように投光器から空間に赤外光を投射
し、その反対側で光源からの直射ビームを避けるよう斜め前方に設置した受光器
で、空気中の水蒸気や雨粒、ちりなどにより散乱（前方散乱）された赤外光の強

**図3.12**　積雪の外観［気象庁提供］

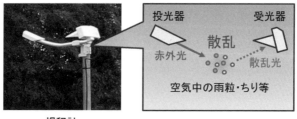

**視程計**

図3.13　視程計（外観と概念図）［気象庁提供］

さを検出して、光学的計測によって視程（気象光学的距離）を求めている。測定範囲は最大 20 km である。

　なお、視程計は、地方気象台のほか「地域特別観測所（以前の無人測候所）」に設置されている。

## 3.2　新しい数値予報の開始、ガイダンス

　ここで改めて、数値予報について記述する。数値予報は、大気の運動（振る舞い）を支配する物理的な原理や法則を定式化した「支配方程式」を用いて、気温、気圧、風、水蒸気などの気象要素の将来（時間変化）を予測し、種々の天気予報の基礎的なデータを生産することである。

　最初に気象庁が現在運用している数値予報モデルの種類を図3.14に示す。図

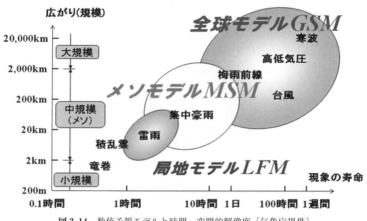

図3.14　数値予報モデルと時間・空間的解像度［気象庁提供］

の横軸は予測対象の現象の時間スケール、縦軸は空間スケールである。モデルは、局地モデル、メソモデル、全球モデルの三つで、それぞれ LFM、MSM、GSM と略称され、それぞれのモデルが対象としている現象の時間および空間スケールが楕円で示されている。すなわち、LFM は雷雨、MSM は集中豪雨、GSM は梅雨前線、高・低気圧、台風、寒波が予測対象である。別の言葉で言えば、楕円の広がりは、各モデルで得られる情報の時間的および空間的な解像度（きめ細かさ）を表している。

◇**数値予報モデルの種類と内容**　　気象庁は予報の目的に応じて幾つかの数値予報モデルを運用しているが、表 3.1 は発表している予報の種類、予報領域と格子間隔、予報期間（メンバー数）、実行回数（初期値の時刻）をまとめたものである。

　具体的には、目先数時間程度の大雨などの予想には 2 km 格子の局地モデルが（LSM）が、数時間〜1 日先の大雨や暴風などの災害をもたらす現象の予報には5 km 格子のメソモデル（MSM）とメソアンサンブル予報システムが、台風予報や 1 週間先までの天気予報には約 13 km 格子の全球モデル（GSM）と約 27 km 格子の全球アンサンブル予報システムが用いられている。なお、全球アンサンブル予報システムは、2 週間先までの予報や 1 か月先までの予報にも使用されている。さらに、1 か月を越える予報には、大気海洋結合モデルを用いた季節アンサンブル予報システムが用いられている。

　なお、表中の（メンバー数）については、後述の 3.8 節で説明する。

　ちなみに、すべての気象要素の予測を単一のモデルで行えれば理想的ではあるが、観測データ、後述の大気の持つ「カオス」の性質、コンピュータ資源の制約から、実現は不可能である。

　なお、以下に述べる数値予報モデルの基本原理と計算のアルゴリズムは、表中のすべてのモデルとも共通である。

　さて、これらの数値予報モデルの基礎となっている方程式系は、数学的には「連立偏微分方程式」であること、また、大気の流れに関与する雲の生成のような諸過程は複雑であり、それらを理解するためにはかなり高度な数物理学の知識が必要であることから、説明は専門書に譲り、ここではエッセンシャルな部分について触れていく。

　さて数値予報の予測データは、予報の対象領域を覆う「格子点」と呼ばれる地

**表3.1　気象に関する数値予想モデルの概要**

| 数値予報システム<br>（略称） | モデルを用いて<br>発表する予報 | 予報領域と<br>格子間隔 | 予報期間<br>（メンバー数） | 実行回数<br>（初期値の時刻） |
|---|---|---|---|---|
| 局地モデル<br>（LFM） | 航空気象情報<br>防災気象情報<br>降水短時間予報 | 日本周辺　2 km | 10 時間 | 毎時 |
| メソモデル<br>（MSM） | 防災気象情報<br>降水短時間予報<br>航空気象情報<br>分布予報<br>時系列予報<br>府県天気予報 | 日本周辺　5 km | 39 時間<br><br>78 時間 | 1 日 6 回<br>（03,06,09,15,<br>18,21UTC）<br>1 日 2 回<br>（00,12UTC） |
| 全球モデル<br>（GSM） | 台風予報<br>分布予報<br>時系列予報<br>府県天気予報<br>週間天気予報<br>航空気象情報 | 地球全体<br>約 13 km | 5.5 日間<br><br>11 日間 | 1 日 2 回<br>（06,18UTC）<br>1 日 2 回<br>（00,12UTC） |
| メソアンサンブ<br>ル予報システム<br>（MEPS） | 防災気象情報<br>航空気象情報<br>分布予報<br>時系列予報<br>府県天気予報 | 日本周辺　5 km | 39 時間<br>（21 メンバー） | 1 日 4 回<br>（00,06,12,<br>18UTC） |
| 全球アンサンブ<br>ル予報システム<br>（GEPS）※ | 台風予報<br>週間天気予報<br>早期天候情報<br>2 週間気温予報<br>1 か月予報 | 地球全体<br>18 日先まで<br>約 27 km<br>18〜34 日先まで<br>約 40 km | 5.5 日間　※<br>（51 メンバー）<br>11 日間<br>（51 メンバー）<br>18 日間<br>（51 メンバー）<br>34 日間<br>（25 メンバー） | 1 日 2 回<br>（06,18UTC）<br>1 日 2 回<br>（00,12UTC）<br>1 日 1 回<br>（12UTC）<br>週 2 回<br>（12UTC<br>火・水曜日） |
| 季節アンサンブ<br>ル予報システム<br>（季節 EPS） | 3 か月予報<br>暖候期予報<br>寒候期予報<br>エルニーニョ監視速報 | 地球全体<br>大気　約 55 km<br>海洋　約 25 km | 7 か月<br>（5 メンバー） | 1 日 1 回<br>（00UTC） |

※　GEPS は，00,06,12,18UTC 初期値の 1 日 4 回実行されるが，06,18UTC 初期値時刻の予測は，全般海上予報区（赤道〜北緯 60 度，東経 100〜180 度）内に台風が存在する，または同区内で 24 時間以内に台風になると予想される熱帯低気圧が存在する場合，または全般海上予報区外に最大風速 34 ノット以上の熱帯低気圧が存在し，24 時間以内に予報円または暴風警戒域が同区内に入ると予想された場合に配信される。

点ごとに、気温 25 ℃、風速 15 m/sec など、文字通り「数値」としてデジタルで出力されるので「数値予報」と呼ばれる。また、予測値は格子点で得られるので「格子点値（GPV：Grid Point Value）」とも呼ばれる。ちなみに、数値予報は英語では Numerical Weather Prediction と綴られ、しばしば NWP と略称される。

　数値予報を具体的に行う手続きは計算アルゴリズムと呼ばれ、気象庁では、今日・明日・明後日の短期予報、週間予報、1 か月予報などを行うため、多数の予測モデルを運用しているが、いずれのモデルも予報の対象地域を地表から約 50、60 km の上空まで 3 次元的な格子点で覆い、すべての格子点について計算が行われる。

　図 3.15 は地球全体の予測を行う「グローバルモデル（GSM）」の場合の格子点網の概念図である。なお、1 か月予報モデルなどの長期予報では「大気海洋結合モデル」と呼ばれ、海面水温も予測の対象となる。

　数値予報の計算（アルゴリズム）は、例えば 48 時間予測の場合、一挙に 48 時間先の予測値が全域で得られるのではなく、ある基準となる時刻の観測値（初期

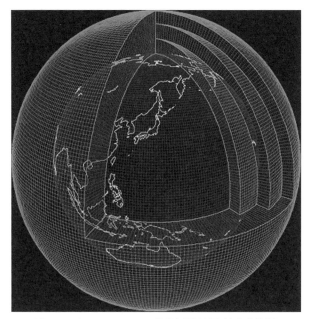

**図 3.15** グローバルモデルの格子点網概念図［気象庁提供］

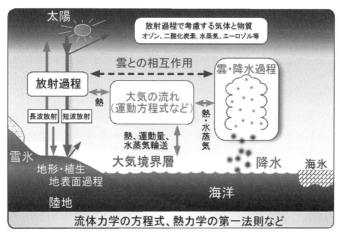

**図3.16**　大気の流れに影響を及ぼす諸過程［気象庁提供］

値と呼ばれる）をすべての格子点に与えて計算をスタートし、例えば10分後の全格子点値を計算し、次いでその値を始点（初期値）として見なして10分後、さらに10分後のように、一歩一歩と何百回も同じような計算を繰り返して将来へ積み重ねて、48時間先に到る。48時間予測だと300回近い繰り返し計算となり、週間予報だと1,000回を超える。もちろん、途中の12時間や24時間先の予測値もGPVとして出力は可能である。このように一歩一歩と先の時刻に向かって計算を進めることを「数値時間積分」と言う。文字通り「百里の道も一歩から」である。

　ところで、大気中には、図3.16に示すように太陽からの放射が大元となって、陸面や海面が暖められ、また水蒸気が補給されて、雲が生まれ、風が吹き、雨も降る。このような現象（諸過程）を適切に表現するためには、予測式にそれらを支配する物理的法則や原理をキチンと取り込む必要がある。

　この図に示した大気中の諸現象の振る舞いを支配するのは、次に述べる法則と原理である。

◇運動を支配する基礎方程式　物体を流体と固体に分けると、大気は水などと同じく流体に属し、その振る舞いは「流体力学」として扱われる。さらに大気は圧縮性を持つため「圧縮性流体」と呼ばれ、その運動や温度などを支配する原理・原則が「運動方程式系」である。

　流体力学によれば、ある時間および場所における大気の状態は、「温度」「気圧」「密度」「風」「水蒸気」の合計5個の気象要素がわかれば、一義的に決まる。以下の支配方程式は、これら5個の要素の時間変化などを律する原理・原則にほかならない。

　具体的には、方程式は①ニュートンの運動の法則、②熱エネルギー保存則、③質量不生・不滅（質量保存則）、④ボイル・シャルルの法則（気体の圧力・体積・密度の3者の拘束条件で、どの瞬間でも成り立つ関係）、⑤水に関する保存則の五つから成り立っている。以下に概要を述べる。

**① ニュートンの運動の法則**　物体に力を加えると加速度が生じて動こうとする。この様子を定式化したのが数学・物理学者のニュートン（Isaac Newton）であり、この法則を空気分子という物体（大気）に適用する。気圧とは考えている空気の塊の任意の面に直角に働く力なので、気圧の空間的な分布（差）は空気を動かす力として働き、流れを本質的に支配する。図3.17は気圧の働く様子を示したもので、後述の数値予報モデルでは、大気中にこのような小部屋（例えば10 km四方のような直方体）を考えて、計算を行う。

　この小部屋の相対する面に働く気圧に差があれば（例えば、東面が1,000 hPa、西面が1,004 hPa）、この小部屋の空気塊が東向きの加速度を受けて、西風が加速される（生まれる）訳である。実際の計算では、気圧は3次元的に変化している

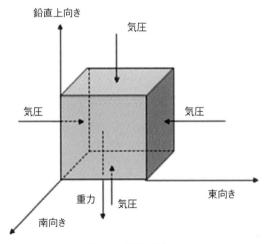

**図3.17**　気圧の働き方

ので、それを東西方向、南北方向、鉛直方向の三つの成分に分けて考える。

　なお、鉛直方向の成分を考える場合は、その小部屋の質量に重力が下向きに作用する。

　次に一般に大気の運動も3次元的だから、風の場も東西方向の成分（u）、南北方向の成分（v）、鉛直方向の成分（w）の三つに分解して扱う。

　xを東西方向（東向きを正）、yを南北方向（北向きを正）、zを鉛直方向（上向きを正）の座標軸、時間をtとし、また、対象としている空気塊（単位質量）の密度を$\rho$とすると、その運動は次のような方程式で表現される。ここでは説明の簡便のため、東西方向の運動（u）を考える。

$$du/dt = -(1/\rho) \times (気圧傾度：気圧の東西方向の差) +$$
$$転向力（コリオリ力）+ 摩擦力 \tag{1}$$

　この方程式の左辺（du/dt）は、個別微分と呼ばれ、空気塊の風速（u）の時間変化の割合、すなわち「加速度」を表している。その加速度に寄与する要素が右辺の三つの項で、第1項は「気圧傾度力」と呼ばれ、考えている空気塊の西側と東側の気圧の差（気圧傾度）による。

　第2項は「転向力」と呼ばれ、地球が自転をしているために現れる力で、発見者であるコリオリ（Gaspard-Gustave Coriolis）の名をとって「コリオリ力」とも呼ばれる。ここで留意すべきことは、この「コリオリ力」は実質的な力ではなく、自転している地球で現れる「見かけの力」である。なお、「コリオリ力」の果たす役割は、非常に重要であり、別記する。

② **熱エネルギー保存の法則**　物体の温度の変化に関する法則である。空気塊の温度をT（絶対温度）とする。物体の持つ熱エネルギーは、伝導や対流、放射など熱の輸送形態は異なっても、その総量は変わらないという「熱力学の第一法則」あるいは「熱エネルギー保存の法則」で、次のように表現される。

$$dT/dt = 外部から供給される熱量 - 外部に放出される熱量$$
$$+ 内部での発熱あるいは冷却量 \tag{2}$$

　この式は、内部で発熱や冷却がなければ、物体の温度はその表面を通じて出入りする正味の熱量によって変化することを意味している。例えば、先の図3.17の小箱で見れば、西側から流れ込む熱量が、東側から流出する熱量より多ければ、その分だけ加熱されて暖まることになる。なお、外部との間で熱の出入りがない運動は「断熱過程」と呼ばれる。

③ **質量保存の法則**　この法則は質量不生・不滅（質量保存則）と呼ばれており、ある瞬間に空気塊に含まれている質量は、時間が経過しても変化しないという原理にほかならない。

④ **ボイル・シャルルの法則**　空気塊の運動に伴って、その気圧（p）、体積（v）、温度（T）の3者は、常に pv＝RT の関係を満たすべきという法則である。この法則は、よく知られているように、例えば、温度が変化しない（等温変化）の場合、気圧と体積は反比例の関係にあることを表している。

⑤ **水分量保存の法則**　最後に、水分に関する保存則は、空気塊に含まれている水分量を q と表すと、既述の熱の場合と同じ考え方で、

$$dq/dt＝外部から供給される水分量－外部に流出する水分量 \qquad (3)$$

と表される。

　数値予報では、上記の五つの方程式を用いて将来に向かって延長（時間で積分）することである。これらは連立方程式であるため、気圧、温度、風などの合計五つの気象要素は、どの場所であっても、勝手に変化せず、またどの瞬間であっても、これらの式を同時にそれぞれ満足するように、運動が拘束（連立）されている。

◇**転向力／コリオリ力**　私たちが風を観測する際、地表に風向風速計を固定し、北極星の方向を北と設定している。ところが、地球は自転しているため、宇宙から見れば、地球上の北の方向は反時計回りに回転している。したがって、宇宙から見て真直に進んでいる地球上の物体（空気の塊）は、地表で観測すれば、時間とともに右側に偏寄して（逸れて）進むように観測される。仮に地球が自転していなければ、当然、この力は現れずまっすぐに進む。

　この転向力のイメージは、回転する円盤上に向き合って座り、ボールを転がし、受け取る景色を想定するとよく理解できる。円盤が回転していない場合は、ボールはまっすぐ相手に届くが、回転している場合は、投げた人はボールが右へ右へと逸れていると認識する。すなわち、円盤上（地球上）にいる私たちから見れば、物体にあたかも右へ方向を変える力が働いていると認識するわけである。

　しかし、私たちは「気圧傾度力」と同じように、見かけの力である転向力は、空気塊に対して実質的な力が働いているとしか観測（認識）できない。

◇数値予報の手順と計算アルゴリズム　数値予報における天気予報作業は、図
3.18 に示すように、観測から始まって、
解析、予報、応用、そして最終的な天気予報の作成・発表までの一連のプロセス
で行われており、ほとんどは自動的に進められている。

　しかしながら、短期予報の作成の最終段階は、予測モデルによる近未来の予測
が、対応する時刻の実況と整合するよう予報官が手を加えており、また、気象注
意報や警報も、予報官が実況と予測をもとに、さらに社会活動（日中・夜間、交
通など）の状況を踏まえて行っている。

◇観　測　第 1 段階は、図 3.18 の左端に位置する観測で、すでに述べた地上・
　　　　　高層・気象衛星・レーダー・航空機・海上観測で構成されている。な
お、観測の内容や方法、通報形式などは、すべて世界気象機関（WMO）と国際
民間航空機関（ICAO）が合意した技術マニュアルに則して実施されている。こ
れらの観測データは、全球気象回線（GTS：Global Telecomunication System）を
通じて、気象庁にも伝送されている。ちなみに気象庁は、全球を 6 区域に区分し
た中の第Ⅱ地区の通信中枢を担っている。

◇解　析　2 番目の段階は「解析」と呼ばれ、数字群で暗号化（コード：Code
　　　　　化）された各地の観測値の電文を元の観測値に戻す「電文処理」で
「デコード：Decode」作業である。その後の処理が「品質管理」のプロセスで、
観測データが、ラジオゾンデが積乱雲などに突入した局所的な値ではないか、打

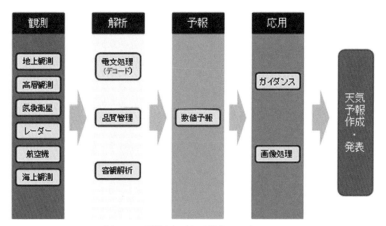

図 3.18　観測から天気予報までのプロセス

電してきた船舶の位置が間違っていないかなど、誤観測を除く解析（品質管理）
が行われる。品質管理を行った後になされる処理が「客観解析」である。各地点
の観測データが直近の予測モデルの予測値と比較して合理的であるかなどの解析
作業であり、観測値がモデルの予測値と一定以上かけ離れていればデータは採用
されない。また、航空機による非定時のデータや気象レーダーによるデータも、
この客観解析を通じて合理的に取り込まれる。

　なお、利用可能なすべての観測データを予測モデルに相応しい初期条件として
調整する作業は「データ同化」とも呼ばれ、最終的にデータ同化のプロセスを経
て予測モデルに最適の初期条件が生成される。

◇予　報　　第3段階がいよいよ「予測」の段階で「数値予報」の実質的な計算が
　　　　　　行われる。実際の数値予報では、最終的には既述の「連立偏微分方程
式系」を「差分方程式系」に変換したものが用いられる。これは数学的な「微
分」を「定差」と呼ばれる $\Delta$（デルタ）で表現したものである。例えば前記の
(1) 式の $du/dt$ を $\Delta u/\Delta t$ に、また空間に関する微分を差分（$\Delta x$, $\Delta y$, $\Delta z$）とし、
例えば、風の $u$ 成分の 3 次元的な空間微分は、$\Delta u/\Delta x$, $\Delta u/\Delta y$, $\Delta u/\Delta z$ のように
近似して行う。例えば $\Delta x = \Delta y = 20$ km、$\Delta t = 10$ 分などである。

　最終的には、前記の (1) 式は、

$$\Delta u/\Delta t = F(p)$$

さらに　　　　　　　　　　　　　$$\Delta u = F(p) \times \Delta t$$

と変形される。

　ここで $p$ は、風（$u$, $v$, $w$）、気圧（$P$）、気温（$T$）などの予測変数を意味して
いる。したがって、$F(p)$ は $p$ の空間分布から決まる関数であり、既述の「客観
解析」ですべてが得られる。

　次に $\Delta u$ は $\Delta t$ 時間内の $u$ の変化だから、初期の観測時刻を $t_0$、10 分後の時刻
を $t_1$ とすると、$\Delta u(t_1) = u(t_1) - u(t_0)$ と表わされるので、上式は、

$$u(t_1) = u(t_0) + F(p) \times \Delta t$$

と変形される。これが 10 分後の予測値である。もちろん、$F(p)$ は時刻 $t_0$ の値で
ある。したがって、この 10 分後の値を改めて初期値と見なして、もうワンス
テップ将来に計算を進めると 20 分後の気象要素の場が得られる。このやり方が
数値予報における基本的アルゴリズムと言える。

　数値予報では、一挙に 24 時間先や 5 日先の予測が得られるのではなく、既述した「百里の道も一歩から」ということわざがあるが、まさに小刻みに一歩一歩と計算を繰り返していく。

　後述の温暖化の予測の場合、例えば 50 年先の値であっても、同様な計算ステップが踏まれる。ちなみに、温暖化の予測にはスーパーコンピュータ（以降、スパコン）無しでは予測は不可能である。数値予報における時間積分とは、このような計算の繰り返しにほかならない。既述の図 3.14 で示した全球モデル（GSM）の一つは、格子（グリッド）の水平間隔（$\Delta$x, $\Delta$y）20 km で、鉛直方向には 100 層だから、グリッドの総数は約 1 億 3,000 万個に達する。数値予報では上述のような計算を、温度や水分量などすべての気象要素について繰り返して計算を行っている。

　ちなみに、この GSM モデルでは $\Delta$t は 400 秒（約 7 分）だから、24 時間予報では約 200 回、週間予報（計算は 132 時間分）では、約 1,200 回となる。なお、このモデルの場合、すべての計算を 30 分程度で完了できるが、後述する「週間アンサンブル予報モデル」では、$\Delta$t = 720 秒、計算時間は 40 分であり、スパコンがなければ到底実現できない世界である。

　図 3.19 は、図 3.14 に示した全球モデル（GSM）を用いた地上気圧に降水域を重ねた 72 時間予想図である。まるで気象衛星の雲画像を見ているようだ。なお、これは全球モデルだから、当然、このような画像は地球の裏側でも作成が可能である。

　ここでスパコンの更新などについて触れる。昭和 39 年（1964）に竹平町から大手町への移転時に、前述の IBM704 から株式会社日立製作所の HITAC5020F へ更新された。この計算機は当時のトップクラスで、東京大学や京都大学にも導入された。図 3.20 は計算機の外観を示す。

　計算機は、その後何度か更新されてきたが、現在の HITACHI 計算機は、気象衛星センター（東京都清瀬市）の構内に新たに建てられた別棟内に設置され、24 時間稼働している。図 3.21 にその外観を示す。計算機の予期せぬトラブルに即時に対応できるように主機と副機が設置されている。なお、すべての計算処理は半導体で行われているが、大量の熱が発生するため、空冷式では駄目で、裏側のドアを開くと、水道管を引き込んで放熱している。

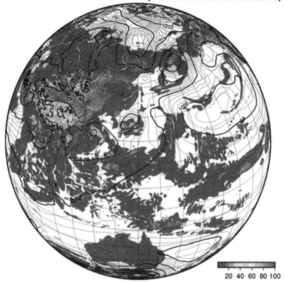

**図 3.19**　全球モデル（GSM）地上気圧および降水域予想図
（72 時間）［気象庁提供］

**図 3.20**　HITAC5020F の外観［株式会社日立製作所提供］

図3.21　スパコン主機（左），副機（右）〔気象庁提供〕

◇ガイダンス　　数値予報の計算結果は、既述した「予報」の過程で、すべての各格子点上で、GPVと呼ばれる格子点値（グリッドポイントバリュー：Grid Point Value）が計算機のメモリーに出力される。しかしながら、GPVは規則的な固定点上の基本的な気象要素の値だから、そのものが天気予報ではない。したがって、ユーザーの要求を踏まえた種々の予報（例えば、場所はどの地方か、晴れか曇りか、降水確率など）に応じた加工が必要であり、その最終段階の資料がガイダンスであり、「天気翻訳資料」とも呼ばれる。言ってみれば、天気予報の一種の「虎の巻」である。なお、すべてのガイダンスは、一定のアルゴリズムで自動的に生産される。

　ガイダンスの基本的な考え方は、ある時刻において実現している局地的な温度や風などの観測値は、その時刻のより広域的な地上および上空の風や気温などの気象要素と密接な関係があると考える。すなわち、ガイダンスの具体的な手法は、過去の両者（観測値と予測されたGPV）のデータセットから、両者をつなぐ関係式をあらかじめ求めておき、その関係式に数値予報で得られた新たなGPVを引数として代入して、天気や温度などの予測を得るというアルゴリズムに基づいている。

　なお、ガイダンスでは、予測したい気象要素を「目的変数」と呼び、予測に用いるGPVを「説明変数」という。

　ガイダンスの最も典型的な関係式は、重回帰式である。すなわち、目的変数（Yとする）は説明変数（X1, X2 …とする）の一次式で、Y＝C1×X1＋C2×X2＋…のように表される。係数C1, C2…は、例えば過去1年間の観測値と予測されたGPVのデータセットから最小二乗法で求められる。

　しかしながら、現在のガイダンスでは、このような1次式に入っている係数を

固定せずに、直近過去の実際の観測値と予測値を比較して、その誤差が最小になるように係数を変化させる「カルマンフィルター」と呼ばれる方式が採用されている。この方式は気温や風のほか、降水確率の予想などに適用されている。ちなみに、降水確率の予測は、ある 6 時間以内に、ある地域で 1 mm 以上の降水の有無を確率で表わすが、対象域の最小単位は 20 km 四方であり、その中を 1 km 四方で細分した合計 400 地点の降水の有無を平均したものである。したがって、この 20 km 四方のどの地点でも、確率は同じとみなされる。ちなみに、ある事象の生起確率が 50 % とは起きる、起きないの確率は半々であるが、「降水確率 50 %」の予測は 400 地点の 200 地点で 1 mm 以上の降水があることを意味している。あくまでも 20 km 四方の平均である。

　このほかに、目的変数と説明変数の両者の間にあらかじめ明示的な関係式を作成せず、毎回の予報を通じて、両者の関係を学習する「ニューラルネットワーク」と呼ばれる方式が用いられている。この方式は、人の脳は外部からの種々の刺激（インプット）に応じて、反応動作（アウトプット）を学んでいるが、その反応はそれ以前の刺激に学んで得たものである。「馬耳東風」ということわざがあるが、人はすべてのことを聞き流している訳ではなく、耳にインプットされる言葉を、すでに学習して持っている情報や自分の興味などと比較して、知らず知らずのうちに反応している。すなわち、インプットされる情報に対して、ある重みを付けていることになる。天気予報での「ニューラルネットワーク」は、ちょうどこのような脳の神経回路を応用したものである。この方式は天気（晴れ、曇り、雨）や最小湿度などの予測などに用いられている。インプットデータされる説明変数は、風や湿度、安定度などであり、目的変数は晴れあるいは曇りなどである。

　最近、あちこちで ChatGPT をはじめとする生成 AI が話題となっているが、この「ニューラルネットワーク」はまさに AI そのものにほかならず、気象庁は 50 年以上も前から業務で利用していることを記す。

　なお、「カルマンフィルター」や「ニューラルネットワーク」の手法は、既述の重回帰式に比べて、多くのコンピュータ資源を必要とするが、それらが可能になったのは、気象庁におけるより高性能のスパコンへの更新と、より詳細な予測モデルの開発にほかならない。ここで、現在の主なガイダンスとその作成方法を表 3.2 に示す。

表3.2　主なガイダンスと作成方法など

| ガイダンスの種類 | 作成対象モデル | 作成方法 | 説明変数 | 目的変数 |
|---|---|---|---|---|
| 平均降水量 | GSM：20 km 格子, MSM：5 km 格子など | カルマンフィルター | モデルの GPV | 解析雨量 |
| 降水確率 | GSM：20 km 格子, MSM：5 km 格子 | カルマンフィルター | モデルの GPV | 確立（%） |
| 最高・最低気温 | GSM，MSM など | カルマンフィルター | モデルの GPV | アメダス地点の気温 |
| 天気 | GSM：20 km 格子, MSM：5 km 格子など | 日照率，降水量，降水種別 | | 確立（%） |
| 発雷確立 | GSM：20 km 格子, MSM：5 km 格子など | ロジティック回帰 | 有効位置エネルギーなど | 確立（%） |
| 湿度 | GSM，MSM | ニューラルネットワーク | 風速,気温減率,地上気温など | 日最小湿度 |
| 湿度 | MSM | ニューラルネットワーク | 雲水量,降水量,風速など | 最小湿度（%） |

| | | 2008 | 3 | 10 | 4 | | | | |
|---|---|---|---|---|---|---|---|---|---|
| | 781 日 | | 10 | 10 | 11 | 11 | 11 | 11 | 11 | 11 |
| | 時 | | 18 | 21 | 0 | 3 | 6 | 9 | 12 | 15 |
| CHOSHI | 気温 | | 13.4 | 12.1 | 12.4 | 10.2 | 9.8 | 13.2 | 15 | 17 |
| | 風向 | | 南西 | 南西 | 南西 | 南西 | 西南西 | 南 | 南南西 | 西南西 |
| | 風速 | | 10.4 | 8.3 | 8.8 | 5.6 | 2.6 | 3.6 | 10 | 11.5 |
| | 天気 | | 晴 | 晴 | 晴 | 晴 | 曇 | 雨 | 雨 | 雨 |
| | 降水量 | | 0 | 0 | 0 | 0 | 0 | 3 | 12 | 3 |
| | 降水確率 | | 0 | 0 | 0 | 10 | 10 | 90 | 90 | 60 |
| YOKOSHIE | 気温 | | 12.9 | 10.8 | 9.7 | 6.7 | 7.9 | 11.6 | 14.4 | 18.3 |
| | 風向 | | 南南西 | 南西 | 南西 | 西 | 南南西 | 南南西 | 南南西 | 南西 |
| | 風速 | | 2.8 | 2.4 | 2.3 | 0.6 | 0.8 | 2.3 | 6 | 4 |
| | 天気 | | 晴 | 晴 | 晴 | 晴 | 曇 | 雨 | 雨 | 雨 |
| | 降水量 | | 0 | 0 | 0 | 0 | 0 | 4 | 9 | 2 |
| | 降水確率 | | 0 | 0 | 0 | 10 | 10 | 90 | 90 | 50 |
| CHIBA | 気温 | | 13.4 | 12.8 | 11.6 | 11.3 | 9.4 | 10.9 | 12.9 | 16.1 |
| | 風向 | | 南南西 | 南西 | 南西 | 西南西 | 南 | 南 | 南西 | 西北西 |
| | 風速 | | 10.3 | 11.2 | 4.7 | 3.1 | 2 | 2.8 | 6.6 | 5.6 |
| | 天気 | | 晴 | 晴 | 晴 | 晴 | 曇 | 雨 | 雨 | 雨 |
| | 降水量 | | 0 | 0 | 0 | 0 | 0 | 4 | 5 | 1 |
| | 降水確率 | | 0 | 0 | 0 | 10 | 10 | 90 | 90 | 50 |
| MOBARA | 気温 | | 14 | 11.7 | 10.6 | | 8.9 | | 15.3 | 19.6 |

図 3.22　ガイダンスの例 ［気象庁提供］

　図 3.22 は、このような方式によって計算されたガイダンスの一例を示す。この例では、左欄に示す Choshi（銚子）、Chiba（千葉）などの地点ごとに、3 時間間隔で気温、風向風速、天気、降水量、降水確率が記されている。

　なお、天気予報、気象注意・警報などの作成は、予報当番者が予想天気図や上記のガイダンス、さらに社会活動などを総合的に勘案して行っている。これらの情報はパソコン上で作成され、当番者が最後にマウスをクリックすれば、「天気

予報」や「注意報」として、対外的に公式に発表され、報道機関などに伝達される。

　一方、既述のように民間気象事業者も、このガイダンスおよび GPV も「一般財団法人気象業務支援センター」を介して、コンピュータ通信で入手している。言ってみれば、ガイダンスは何人にとっても天気予報の「虎の巻」でもある。

　このように天気予報は、今や数値予報と一連の作業によって、客観的な手法によっているため、注意報・警報の発表のタイミングの決定や文言を除けば、個人の経験や主観が入る余地はほとんどない。

　これまで述べたように、気象庁では第 2 章で述べた最初の IBM704 を用いた「北半球バランス バロトロピックモデル」から現在まで、モデルのきめ細かさや予測期間の延長、物理過程（雲の効果など）の精緻化などの改善を図ってきた。

　図 3.23 はこれらのモデルの時代的変遷を表しており、「全球モデル」と「領域モデル」の二つ系列で示されている。両方とも、時代とともに、きめ細かさが増していることがわかる。その最大の要因は、より高性能のコンピュータの導入を節目に、よりきめ細かく、また物理過程が改善されて来たことである。ちなみに最新の全球モデル（GSM）では、水平解像度が 20 km、メソモデル（MSM）が 5 km となっている。なお図には、アンサンブル予報モデル（次に述べる）は入っていない。

◇**降水ナウキャスト、降水短時間予報**　　ここで序章の図 0.5 で示した降水のみを対象とした予測である「降水ナウキャスト」と「降水短時間予報」について触れる。

**降水ナウキャスト**　このナウキャストの予測は 1 時間先までの降水量で、図 3.24 のような図で表される。予測の原理は、降水の塊は向こう 1 時間先までは現状の性質を維持・持続しているとみなして、1 時間前と現在の降水域（既述の解析雨量による）の位置を比較して、移動傾向を計算し、その傾向を 1 時間先まで時間外挿している。なお、降水域の位置と変化は「パターンマッチング」と呼ばれる画像認識技術が用いられている。

**降水短時間予報**　この予報は予測時間が 6 時間先までと、7 時間から 15 時間先までの 2 種類に分かれており、発表間隔と予測手法が異なっている。まず間隔は 6 時間先までの場合は 10 分間隔であり、各 1 時間以内の降水量を 1 km 四方の細かさで予報している。7 時間先から 15 時間先までの予報では、1 時間間隔で

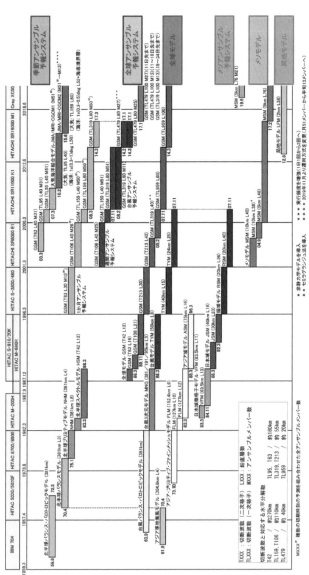

図 3.23　数値予報モデルの時代的な変遷 [気象庁提供]

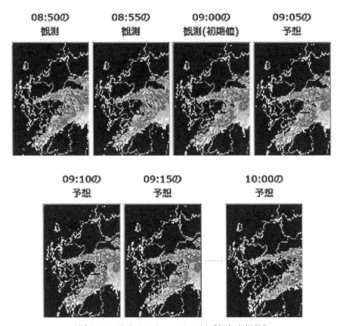

図 3.24　降水ナウキャストの例［気象庁提供］

発表され、各 1 時間降水量が 5 km 四方の細かさで予報されている。

　なお、予測の計算では、降水域の単純な移動だけではなく、地形の効果や直前の降水の変化を元に、今後雨が強まったり、弱まったりすることも考慮されている。また、予報時間が延びるにつれて、降水域の位置や強さのずれが大きくなるので、予報時間の後半には既述の数値予報モデルによる降水予測の結果が加味されている。

## 3.3　富士山気象レーダーの建設

　富士山気象レーダーは、着工から 2 年後の昭和 39 年（1964）10 月 1 日試験運用を開始した。同じ日には東海道新幹線が開業し、また 10 日からは東京オリンピックが開催され、国内は華やいだ空気に包まれた。この富士山レーダーの完成も大きく報道された。以来、半世紀以上の年月が流れた。日本の気象レーダー観測網は、昭和 29 年（1954）の大阪レーダーの設置を皮切りに全国への展開が進められ、現在、全国 20 か所で運用されている。気象レーダーは、「アメダス」

「ひまわり」とともに、長く気象観測の「三種の神器」の一角を占めてきた。

　「富士山レーダー」は、観測域が半径 800 m と広域で、建設以来 30 有余年にわたって台風の監視という本務の気象業務はもちろん、レーダー気象学と呼ばれる学術研究分野でも大きな貢献を行ってきた。しかしながら、昭和 57 年（1982）に打ち上げられた気象衛星「ひまわり」の出現によって、その広域監視の役割に終止符を打ち、平成元年（1989）に運用を停止した。

　なお、富士山レーダーは解体された後、平成 13 年（2001）9 月に富士吉田市に移設され、現在、「富士山親水公園」の一角で、在りし日の姿が富士山レーダードーム館として公開されている。

　富士山レーダーには、既存のレーダーと異なる当時の最新技術が適用されたが、一方では、その建設には幾多の予期しなかった困難に直面し、思わぬドラマが待ち受けていた。富士山頂という冬季の酷寒、工事は夏の間だけ、加えて 1 年を通しての強風という過酷な条件を克服すべく命を賭け技術者達（筆者は、尊敬の念を込めて「天気野郎」と呼んでいる）の執念と、それにも劣らない民間の人々の献身的な協同によって完成した偉業の一つとして、歴史に残されている。その後、平成 12 年（2000）3 月 28 日、NHK の「プロジェクト X」の初回でも放映されて、大きな感動を与え、小説や映画にもなった。【☞コラム⑤「天気野郎」の面目躍如】

　昭和 30 年代、まだ「アメダス」はなく、気象レーダーは最新の電子機器であり、その開発・運用・管理などには、新進気鋭の技術者達が充てられた。立平良三（後に気象庁長官を歴任）もその一人である。立平は京都大学を卒業して気象庁に入り、名古屋地方気象台のレーダー係長から富士山レーダー係長として、東京に呼ばれた。立平も、強力たちに交じって、1 俵が 17 kg の暖房用の炭俵を 3 俵担ぎ上げたことがあると述懐している。

　富士山レーダーは、ほかのレーダーと異なって、富士山という高所に設置されたことから、監視できる距離が約 800 km 遠方までと大型・高性能であったが、一方では難点もあった。すなわち、気象レーダーは、パラボラアンテナから送信される電波（ビーム）は、ある高度角で 360 度ぐるぐると回転し、雨粒からの反射（エコーと呼ばれる）で雨雲を観測するが、地球が「球」であるため、水平に射出されたビームは 100 km の遠方では数千 m の上空を通過してしまう。したがって、富士山レーダーではビームの高度角はマイナスにセットし、見下ろすよ

うにしなければならい。そうすると厄介なことに、電波は山にぶつかった反射、さらに海面からの反射が避けられない。このままでは実際の降水による反射（エコーと呼ばれる）と地形エコーが混在し、区別がつかない。平地のレーダーでは、このようなことはほとんど問題ではない。

　地形によるエコーは場所も決まっており、また反射強度が時間変化をしないことに以前から着目していた立平は、日本無線の技術者（井上たち）と協力してテストを重ね、その成果を富士山レーダーにも取り込んだ。この地形エコーを除去するアイデアは、「気象レーダー装置」として昭和 52 年（1977）に特許申請され、昭和 60 年（1985）に特許として認められている。

　現在、全国 20 か所の気象レーダーの画像は、気象庁にある「観測運用室」に気象庁が利用している通信網を通じて電送され、そこで各レーダーサイトの画像を合成して、つなぎ目が見えない、いわゆるシームレスな画像を全国規模で作成している。この画像は高度約 1,500 m の上空を基準面としており、次の節で述べる「アメダス」データなどにより 5 分おきに校正されたものである。ちなみに、テレビで毎日のように見られるレーダーの画像はこうして得られたものである。【☞コラム⑥「NCAR」留学】

## 3.4　気象衛星「ひまわり」の打ち上げ

　昭和 52 年（1977）7 月 14 日、気象衛星「ひまわり（1 号）」が、ケネディ宇宙センターで、アメリカのデルタ型ロケットを用いて打ち上げられた。約半世紀前だ。数えて「ひまわり 8 号」が平成 26 年（2014）10 月 7 日に種子島から国産の H2 ロケットを用いて打ち上げられた。

　この間に観測方法も衛星自身がスピンして地球表面をスキャンする方式から、「やじろべえ」のように腕を広げて衛星の姿勢を静止して行う方式に変更された。また、ひまわりの目的も、当初の気象観測から運輸省が行っている航空管制のミッションも取り入れた「運輸多目的衛星」へと変わった。また、衛星の打ち上げが失敗し、アメリカの気象衛星を借用するなどのハプニングにも見舞われた。

　気象衛星が打ち上げられる前は、台風がどこにあるかの把握が困難で、また予測も十分でなかったことから、しばしば急に襲来して大きな災害をもたらしてきた。こうした中、台風をより遠方で捉えて予測や防災に役立てるべく昭和 39 年（1964）に設置されたのが富士山レーダーで 800 km の探知距離を持っていたが、

西太平洋の広域的な監視は不可能であった。そこで登場したのが「気象衛星」である。気象衛星のお陰で台風の不意打ちがなくなり、台風の進路予報の精度も飛躍的に向上した。今や気象衛星の雲画像は、テレビの天気予報番組でもお馴染みで、お茶の間でも親しまれている。

　気象庁のホームページで「気象衛星」の項目を開くと、図 3.25 に示すような日本周辺の雲画像が見事に見られる。ここには示していないが全球画像も同様である。

　現在、地球の周りを回っている人工衛星は約 4,000 個と言われているが、目的に応じて、高度や周期、センサーなどが異なる。気象衛星「ひまわり」の特徴は、太平洋上の東経 140 度の赤道上空、約 3 万 6,000 km の静止軌道に位置して、台風の監視を始めとして、地球表面の雲、地表気温、海面水温、水蒸気などの気象要素を 24 時間観測するシステムである。さらに気象観測のほかに洋上や山間部に位置する観測所のデータの収集、航空管制にも利用されている。観測データは天気分布や気象庁が運用しているすべての数値予報モデル（台風進路予報モデルを含む）の基礎資料などに利用されている。

　現在運用中の「ひまわり 8 号」は、平成 26 年（2014）に打ち上げられ、機能確認試験を終えて、平成 27 年（2015）から運用を開始している。なお 8 号は国際的には「Himawari」と呼ばれている。

　ひまわり 8 号・9 号は「運輸多目的衛星（MTSAT：Multi-functional Transport Satellite）」シリーズと呼ばれた 6 号・7 号の後継機として、世界最先端の観測能力を有している。

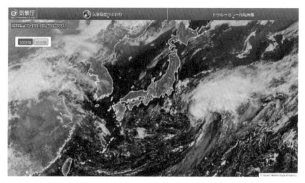

**図 3.25**　「ひまわり」の日本周辺の画像［気象庁提供］

　次にひまわり8号・9号による観測、データ取得、画像処理などを管理するシステム全体の概観を図3.26に示す。図は少し見にくいが、既述の陸域および海域での観測データの収集機能のほか、ひまわりの観測データを受信するためのアンテナサイト（主局：埼玉県鳩山村、副局：北海道江別市）、そのアンテナサイトから観測データを受信して種々の画像処理を行う「気象衛星センター（東京都清瀬市）」などが示されている。

　さて気象衛星による観測は世界気象監視計画（WWW：World Weather Watch）に基づいた国際協力の下で実施されており、日本はその一翼を担っている。図3.27は地球全体と取り巻く気象衛星の配置を示す。このように多数の衛星が必要な理由は、衛星に搭載の放射計の観測の視野が約30度だからである。また、静止衛星以外に両半球の極点を南北に周回する「極軌道衛星」がアメリカにより運用されており、気象衛星センターでも受信している。

　ひまわり8号・9号は、反射望遠鏡（イメージャ：地球画像を撮像するためのカメラ）を備え、常時、地球の方向を向いている。しかし、太陽輻射などの外力を受けるため放置しているとカメラも回転を始めてしまい、向きが0.1度ずれると撮影される画像の中心位置は地球表面で約50kmずれてしまうため、カメラ

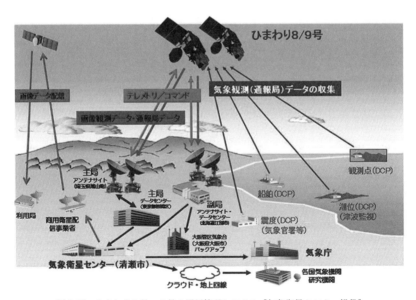

図3.26　ひまわり8号・9号の運用管理システム［気象衛星センター提供］

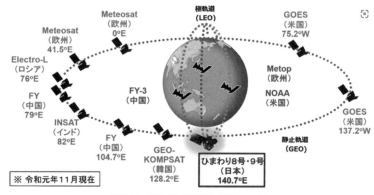

**図 3.27**　気象衛星観測網［気象庁提供］

姿勢を精密に制御する必要がある。「ひまわり」の地球センサーで地球中心からの姿勢のずれを検知し、そのずれを内蔵しているハズミ車の回転を制御することで常時姿勢の微調整を行っている。

　一方、衛星の高度は太陽と月の引力による影響や、地球が完全な球対称ではないなどの理由から、安定せず次第に南北に位置がずれる（赤道上空で 8 の字のような軌跡となる）。そのため、静止位置からのずれが大きくならないよう衛星内部の燃料を用いてスラスター（ガスジェット）から燃焼ガスを噴射することで調整されている。このため衛星の有効な運用には自ずと寿命がある。

◇**観測のしくみ**　1 号から 5 号までは衛星本体が回転するスピン衛星であったが、6 号以降は、常時、地球を望む 3 軸制御衛星に改良されたため、衛星を大型化でき、また、さまざまな観測機器を搭載できるようになったことから、従前のスピン衛星に比べて地球を長時間観測できることになり、また雲画像の分解能の向上と観測時間の短縮が可能となった。なお、現在運用中の 8 号・9 号では、図 3.28 に示すように片側に大きく太陽電池パネルの翼を広げた形状となっている。

　衛星が撮影した画像は一般に雲画像と呼ばれている。これらはすべて衛星の反射望遠鏡に搭載されている「可視赤外放射計（AHI：Advanced Himawari Imager）」と呼ばれるセンサーが撮ったものである。「ひまわり 8 号」の外観図を図 3.28 に示す。図の最上部に「可視赤外放射計」が見られ、また図中の Zs、Xs、Ys は衛星の 3 軸に対応し Zs が常に地球を向くように制御されている。

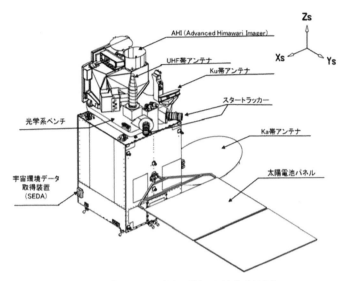

**図3.28**　「ひまわり8号」の外観図［気象庁提供］

　ひまわり8号・9号に搭載されている可視赤外放射計の大きな特徴は多数の観測バンドと時間・空間分解能の細かさである。衛星内部の走査鏡を動かして地球を北から順に東西に走査することによって観測を行っており、その途中で日本域など特定の領域に走査鏡の向きを変えて走査し、一連のすべての走査を10分間で終える。走査鏡で集められた光は、波長帯に応じて可視、赤外などに分光され、電気信号に変換されて地上に送られている。図3.29はAHIによって得られるバンド（波長帯）と画像の空間分解能を示す。

◇観測データ　　8号の画像は、可視・赤外・水蒸気画像の3種である。図3.30に見るように「可視画像」は太陽の反射光を撮影した（可視バンド）ものでカラーである。いわゆるデジカメのイメージである。当然、夜間は真っ暗で何も映らない。「赤外画像」は図3.31に示すように、バンド（4〜16）で撮像したものである。この画像は地表（陸面、雲の上面、海面）からの温度に応じて放射される赤外線の強度を、白色から、灰色、黒色とグレースケールに加工されており、低温ほど白く、高温ほど黒く表現されている。「水蒸気画像」は、水蒸気バンドと呼ばれる水蒸気を吸収する三つの波長帯（7、8、9）で観測され放射計の強度から求められ、図3.32に示すように、水蒸気が多い領域ほど白色

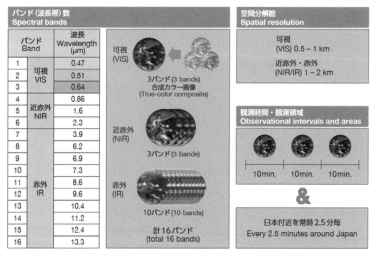

図3.29 「ひまわり」の波長帯と空間分解の脳［気象庁提供］

図3.30 可視画像［気象庁提供］

**図 3.31** 赤外画像［気象庁提供］

が濃く処理されている。

このほか、火山灰や火山ガスを判別しやすくするために火山灰があると温度が低く観測される 13、15 バンドを利用した火山噴煙情報も作成している。

◇衛星画像から加工される情報　以下に、衛星画像を加工して得られているプロダクトに触れる。①高分解能雲情報、②積雲急発達プロダクト、③強雨ポテンシャル域画像、④海面水温、⑤推計気象分布、⑥エーロゾルの光学的厚さ、⑦大気追跡風、⑧晴天輝度温度。これらのプロダクトの一部を紹介する。図 3.33 に示す「月平均海面水温」は、海面からの水蒸気の蒸発量の解析や漁業活動にも利用されている。

今日、「ひまわり」の画像は、テレビの天気予報番組では必須の小道具として、「それでは、まず雲の動きを見てみましょう……」などと、お茶の間にまで広く親しまれている。また、台風が接近すると、大きな渦巻が左巻きに回転している様子が見事に見られ、「台風の目」が、まるで生き物の目のように黒く写っている。われわれは、今や地上にいながら、こうして常に宇宙から雲の様子を見るこ

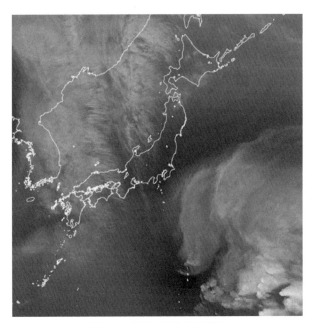

図 3.32　水蒸気画［気象庁提供］

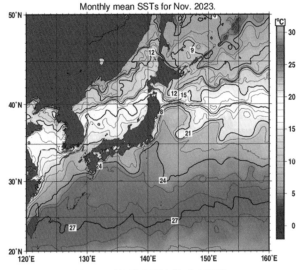

図 3.33　月平均海面温［気象庁提供］

とができる。昔のように台風が不意打ちして日本を襲うことはない。新聞の天気予報欄の天気図にも、衛星の雲分布が重ねられている。

　この初代「ひまわり」の打ち上げ成功は、既述の電子計算機 IBM704 の導入と並んで、気象庁の歴史が始まって以来の文字どおりのビッグプロジェクトであった。同時に、その打ち上げは、気象庁が国際的な舞台で確固たる地歩を築き始めたエポックとして、長く歴史に刻まれるに違いない。

　しかしながら、「ひまわり」は、その計画策定時から打ち上げまでの道程は余りにも長く、また一筋縄ではなかった。何しろ気象庁の年間予算が約 800 億円の時代に、衛星の予算は、地上施設の新たな建設にかかる初期投資のほか、「ひまわり衛星」本体の機器、打ち上げ後の維持費を含めると全体で数百億円もする代物であり、さらに衛星には寿命があるから、将来の予算的な手当の見通しも必要であった。

　「ひまわり」はその目的が、世界気象機関（WMO）の世界気象監視計画（WWW）という国際的な協同プログラムの一環であり、しかも気象業務に特化した衛星であるといえども、日本国内での位置づけを見れば、あくまで宇宙開発計画の一環であり、したがって当時気象庁が属していた運輸省を始め、科学技術庁（以下、科技庁）などの関係省庁との「摺り合わせ」のほか、何よりも国の「宇宙開発委員会」のお墨付きが必要であった。気象庁の技術屋にとっては関係省庁との調整という仕事は必ずしも得意な分野ではなかった。

　気象衛星計画が気象庁内で持ち上がった昭和 40 年代の初めには、まだ国として衛星の基本計画はもちろん、具体的な打ち上げ計画は皆無であった。宇宙開発計画を策定する事務局は当時の科技庁であり、その傘下には実施部隊である「宇宙開発事業団」があった。さらに郵政省も静止衛星を利用した宇宙通信の開発が念頭にあった。また、東京大学ではロケットの研究が行われていた。【☞コラム⑦　アメリカ太平洋第 7 艦隊旗艦】

　さて、当時、日本ではもちろん気象衛星はなく、その計画すらもなかった。わずかに気象庁の土屋清たちの技術者がその将来性に気付き初めていた時代である。ちなみに土屋は気象庁における衛星開発の先兵として、アメリカの関係者との接触やシカゴ大学への留学などを行い、その後、乞われて「宇宙開発事業団」に出向、さらにその学識を認められて千葉大学に招かれ、以来ずっと衛星を中心としたリモートセンシング技術に携わり、枚挙に暇がない数の論文や報告書をも

のにしている。土屋は「ひまわり」の導入には直接的な関わりは持たなかったが、自他ともに認める衛星通である。筆者が面談したときには、とっくに80歳を超えていたが、記憶力は抜群で、若かりし頃の思い出を生き生きと語りながら、眼を細めていた。気象庁には英語の達者な人が多いが、彼はフランス語も達者であった。自分で「日仏学院」に通ったという。

　さて「ひまわり」の打ち上げは、気象庁の事業ではあるが、その後の国の宇宙開発を先取りするような、まさに国家的な一大プロジェクトであった。気象庁の内部固めをはじめ、上部官庁である運輸省の運輸審議会における答申、国の宇宙開発委員会でのお墨付き、大蔵省と、気が遠くなるような多くの関門が横たわり、それらをすべてクリアする必要があった。平素から技術官庁を標榜する気象庁にとっては、なかなか骨の折れる分野である。

　この節では、衛星の技術的分野というよりは、むしろ計画の策定に携わったいわゆる事務屋と呼ばれる人々にスポットを当てながら「ひまわり」の導入経過を見たい。その一人が高谷悟である。高谷は岡山大学を卒業後、昭和31年（1956）に気象庁の観測部に配属され、気象大学校長を最後に定年を迎えた。

　「気象衛星分野 ──オーラル・ヒストリー」という、国土交通省の国土交通政策研究所が刊行した文献がある。そこでは高谷のほか、山本孝二および長坂昂一（いずれも元気象庁長官）が、インタビュー形式で衛星との関わりを、裏話を含めて振り返っている。気象衛星に興味がある読者に一読を勧めたい。

　気象衛星の技術的事項を別にすると、筆者は一番の難題は既述のような外部の関門をいかに克服するかであるが、人とのつながりが如何に大きな役割を演じたかを感じる。

　高谷は観測部の統計課、産業気象課の後、昭和45年（1970）に運輸省の大臣官房に、科学技術担当の副政策計画官のポストで出向し、科学技術庁がからむ原子力や宇宙分野の窓口となり、以後、衛星との関わりを持つことになった。気象庁に戻ってからも、「気象衛星準備室」、「気象衛星室」と歩んだ。

　高谷によると、当初の打ち上げは、Qロケットという国産を前提にしていたが、350 kgの気象衛星本体を搭載するには無理で、一時期、暗礁に乗り上げたのでアメリカに頼もうということになった。その変更のためには、科技庁や「宇宙開発委員会」の承諾が必要であった。そこで一計を案じたのは、運輸省から気象庁次長で来ていた山本守であった。昭和46年（1971）頃に行われた、衛星関係

者で構成される「気象衛星調査団」のアメリカへの派遣である。山本のお膳立て
と、元は船舶技官で、当時科技庁の研究調整局長であった千葉昌夫の根回しで、
郵政省出身の宇宙開発委員を調査団長に、科学技術庁からは宇宙開発参事官、経
団連の宇宙開発担当の理事、そして高谷も加わった。この調査団を通じて、上述
の「世界気象監視計画（WWW）」に参加しようとしていた気象庁の本気度が一
挙に醸成されたという。

　結局、打ち上げのロケットもアメリカへ依頼することにつながった。この間、
こんなエピソードもあった。宇宙開発委員会の委員長は、長官である大臣である
が、会を実質的に取り仕切るのは、その代理であった山縣昌夫で、既述の山本守
と山縣、そして先の千葉の 3 人の連携があった。当時の総理大臣が訪米の帰り
に、「気象衛星をやります」「アメリカと手を組んでやります」というような話が
報道された。気象庁は事前には何も知らされていなかったが、千葉の差し金だっ
たと信じられている。【☞コラム⑧ 乙部道路】【☞コラム⑨「ひまわり」と命名】

## 3.5　ウィンドプロファイラ　——空の「アメダス」の導入

　既述のラジオゾンデは約 30 km 上空までの風や気温を観測するシステムで、
観測は 1 日 2 回であるが、ウィンドプロファイラの観測高度は約 10 km 程度と
低いけれどもが、時間的に連続して把握できる特色を持っている。ウィンドプロ
ファイラという名称は、風の横顔・輪郭・側面図を描くものという意味の英語の
合成語である。

　このシステムから得られるデータは、寒冷前線の通過の監視を始め、既述の数
値予報モデルの初期条件にも利用されている。

　ウィンドプロファイラの原理は、地上から上空に向けて電波をパルスとして発
射し、降水粒子や、大気中の風の乱れ、微細なちりなどによって散乱され戻って
くる電波を受信・処理することで、上空の風向風速を観測している。すなわち、
粒子などは上空の風に乗って流されているので、上空に向けて発射された電波は
散乱を起こして、地上に戻ってくる。その際、上空の流れに応じて、発射した電
波の周波数と受信した電波の周波数がドップラー効果により変化することを利用
して大気の動きがわかる。

　実際の観測では、地上のアンテナから上空の 5 方向に電波を発射しているの
で、風の向きと強さが観測できる。図 3.34 はアンテナ装置の外観を、また図

**図 3.34**　ウィンドプロファイラの外観［気象庁提供］

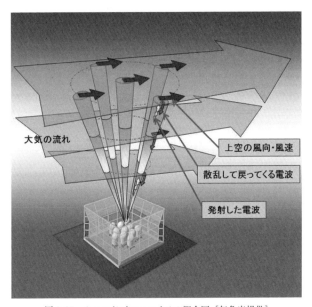

**図 3.35**　ウィンドプロファイラの概念図［気象庁提供］

3.35 は上空に向けてのビーム状の電波の発射の概念図を示す。

　ウィンドプロファイラは、平成 13 年（2001）4 月に運用を開始し、現在全国に 33 か所設置されている。

　なお、各ウィンドプロファイラで得られた観測データは、気象庁本庁にある中央監視局に集められ、細かな天気予報のもととなる数値予報などに利用されている。この観測・処理システムは総称して「局地的気象監視システム」（略称：

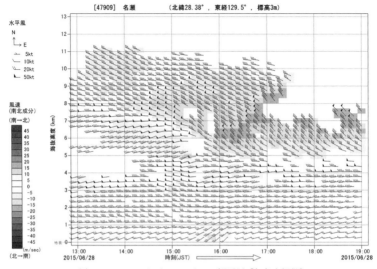

**図 3.36**　ウィンドプロファイラの観測例［気象庁提供］

ウィンダス、WINDAS：Wind profiler Network and Data Acquisition System）と呼
ばれている。

　ウィンドプロファイラのデータを用いると、上空の気圧の尾根や谷の通過を把
握することが可能である。例えば図 3.36 に見るように、上空の気圧の谷が通過
するとき、通過前は南西よりであった風向が次第に北西よりに変わる様子がわか
る。

## 3.6　「雷監視システム（LIDEN）」の導入

　雷監視システムは雷の発生位置を観測することが目的である。ラジオでときお
り、ガリガリという雑音が入ることがあるが、これは雷に伴って発生した電磁波
（電波）の影響である。一方、雷が近づくとゴロゴロと雷鳴がするのは、発雷に
伴って空気が瞬間的に圧縮・膨張されて音波が発生し伝播するからである。

　筆者が高等部を卒業して大阪と潮岬で観測に従事していた頃は、雷の観測は目
視と耳、そしてストップウォッチで行っていた。ピカッと雷が光った瞬間にス
トップウォッチのボタンを押し、しばらくしてゴロゴロと聞こえた瞬間に止める
と、光ってから音が耳に達するまでの秒数がわかる。したがって、その秒数に音
速の約 300 m/sec を乗じれば雷までの距離がわかる。すぐに観測室に戻り、至急

電報（ウナ電）で雷データを本庁に打電していた。図 3.37 は、落雷の例である。

　現在の発雷の観測技術は、雷により発生する電波を多数のアンテナ（以下、「検知局」）で受信し、雷の位置と発生時刻、落雷か雲放電かを検知するシステムとして完全に自動化されている。雷の情報は、積乱雲などの監視に利用されるほか、航空会社に直ちに提供されることにより、空港における地上作業の安全確保

図 3.37　落雷の瞬間［海老沢繁氏提供］

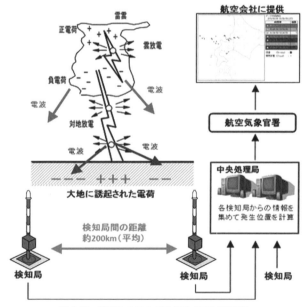

図 3.38　監視システムの構成図［気象庁提供］

や航空機の安全運航に有効に利用されている。気象庁では、この雷監視システム
をライデン（LIDEN：Lightning DEtection Network system）と呼んでいる。

　図 3.38 は、このシステム全体の構成を示している。検知局のポールの頂部に
GPS 受信アンテナが設置されており、また電波の波形や方向を調べるための
「直交ループアンテナ」が内蔵されている。図 3.39 は全国の 30 か所の検知局と
中央処理局を表している。

　さて、雷監視システムの原理は、数学における双曲線のグラフと焦点との関係
を利用している。すなわち、双曲線は、図 3.40（左）示すように、ある 2 地点
（A, B）からの距離の差が等しい曲線である。仮にこの曲線上の任意の点（仮に
P 点）と A との距離を L1 とし、B 局との距離を L2 とすれば、両者の差は $\Delta$＝
L1－L2 となり、この図に示す点 P が双曲線上にある限り $\Delta$ は一定である。

　したがって、この原理を応用すれば任意の 2 検知局（A, B）に到達した雷放
電の時刻を測定し、両者の時間差（これは距離の差でもある）から、1 本の双曲

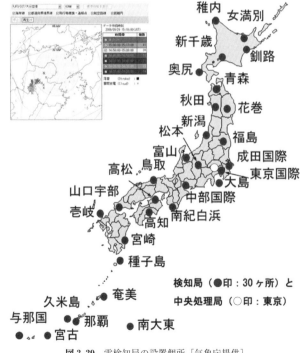

**図 3.39**　雷検知局の設置個所 ［気象庁提供］

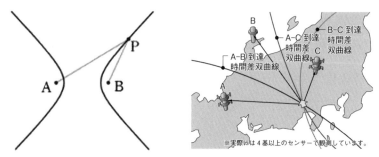

**図 3.40**　双曲線の定義（左），発雷地域の評定法（右）

線が描かれる。同様に図 3.40（右）に見るように、別の検知局（A, C）を用いれば、別の双曲線が描かれ、さらに（B, C）を利用すれば、合計 3 の双曲線が得られる。したがって、これら三つの双曲線の交点から発生源（発雷地域）の標定が可能である。

　なお、雷の監視システムは当初、雷検知局に方向探知機（Magnetic Direction Finder）を設置して、雷の位置決定を行っていた。

## 3.7　気象予報士の誕生

　今日、テレビのどんな天気予報番組でも、必ず「気象予報士」が登場する。このような民間による天気予報は、平成 5 年（1993）に気象業務法が改正されて実質的に可能となった。ところが、天気予報は中央気象台の創立以来、1 世紀以上にわたって気象台の専管的事項として独占的に行われてきたが、既述のように業務法では、気象庁に天気予報を行うべき義務を課す一方で、もともと気象庁以外の者が天気予報を行うことを認めていたのである。すなわち「気象庁以外の者が気象、地象、津浪、高潮、波浪または洪水の予報の業務を行おうとする場合は、気象庁長官の許可を受けなければならない」との規定が設けられていた。気象庁長官の許可を受ければ民間でも予報ができたのである。実態は気象庁が長年この許可を制限的に運用し、民間の予報業務の許可範囲を港湾関係者など特定者向けの予報および解説的予報（独自予報ではない）サービスの範囲に留めてきた。

　しかしながら、平成時代に入って橋本龍太郎内閣のときに、民間の参入を制限している種々の業界に対する規制緩和の潮流が高まる中、気象サービスの分野ではデータ通信・コンピュータ処理技術、観測および予報技術に大きな進展が見ら

れた。気象庁はこうした背景を踏まえて、天気予報の自由化を目指して、上記の改正を行い、今日の民間による天気予報の道が開かれた。

法律改正を受けて、第1回の気象予報士試験が平成6年（1994）8月28日に実施された。筆者は当時の予報課長として試験事務にも関与したが、この初年度に限って、予報士制度の円滑なスタートを期すべく、合計3回にわたって試験が行われ、合計約8,000名が受験し、約1,000名が合格した。ちなみに、民間で予報を行うためには、予報許可を受けた事業者（「予報業務許可事業者」という）は予報業務を行う事業所ごとに気象予報士を置かねばならないこと、さらに事業者は現象の予想については気象予報士に行なわせなければならないと主旨の規定が設けられている。社長や課長といえども、予想行為はできないしくみである。既述のように、違反の場合には罰金が課せられることになっている。

なお、自衛隊でも気象予報を行っていることから、予測業務の担当者は、現在でもこの法律に従って、予報士試験にパスしなければならない。

一方、民間における予報サービスなどの振興を図るために、平成6年（1994）3月に新たに「財団法人気象業務支援センター」が設立された（注：現在は一般財団法人である）。同時に気象庁は国内外の観測データや既述のGPVデータ、さらにガイダンスの全面的公開に踏切った。気象事業者はもちろん個人であっても、通信経費さえ負担すれば、必要なデータはセンターを通じて購入できる。ちなみに、同センターを通じて数値予報モデルのデータをオンライン、ファイル形式で購入する場合、開設時負担金経費約5万円、基本負担金1領域あたり約2,000円、従量負担金約2万円程度である。

予報業務許可事業者は令和5年（2023）10月現在、約110者を数える。これらの事業者による年間の総売上高は、約280億円規模で、株式会社ウェザーニューズや一般財団法人日本気象協会などが大手であるが、地域を対象とした事業者やニュースキャスターなど個人も参入している。さらに近年の特徴は、「Google」や「Yahoo!」などの検索エンジンを運営するメディア企業が、支援センターから気象データを購入して編集や加工を行い、種々のユーザーに提供するという、当初はほとんど想定されていなかったビジネスを展開しており、マーケットも広がりを見せている。

なお、各テレビ局が天気予報を放映しているが、筆者の知る限りでは、北海道放送自身による予報業務許可事業者を除いて、各社はそれぞれ気象事業事業者と

の個別契約に基づいて行われている。

　ちなみに気象予報士試験は、業務法に基づいて試験事務機関の指定を受けた「一般財団法人気象業務支援センター」によって、年2回（2月と8月）に実施されている。平成6年（1994）8月の第1回以来、通算60回の試験が行われている。令和5年（2023）10月現在、受験者の延べ人数は約22万3,000名、合格者は約1万2,000人で、合格率は5.5％である。

## 3.8　アンサンブル予報の開始

　数値予報モデルでは、一組の初期条件（データセット）から出発すれば、予測結果も一組で、断定的（決定論的）な予報と言える。しかしながら、気象庁の現在の数値予報では、今日・明日・明後日が対象の短期予測モデルを除いて、すべて「アンサンブル予報」と呼ばれる技術で行われている。台風の進路予報も同じである。この予測は断定的な予測に対して、一種の確率的な予測である。ちなみに「アンサンブル」とは、音楽にける重奏や服装の一揃えを意味する英語である。

　アンサンブル技術が用いられている最大の理由は、「大気の運動は初期の状態がわずかに異なるだけで、将来の発展の道筋（予測）がまったく異なる」ということに起因する予測誤差を低減することある。

　別の言葉で言えば、「大気の運動は初期値に敏感である」という性質を避ける手法である。この初期値敏感性は「カオス（Chaos）」と呼ばれ、「混沌」と翻訳されている。ちなみに「カオス」は、筆者がNCAR時代に出会ったローレンツ（Edward. N. Lorenz）という気象学者が昭和22年（1947）に発見した。

　アンサンブル予報は、近年の数値予報の根幹であることから、少し詳しく触れる。図3.41は「カオス」を示す一例である（Palmerによる）。これは「対流」を表現する一番簡単な方程式系（数値予報で用いられている方程式系と同じ原理）を用いて、ごく僅かに異なる二つの初期条件(a)、(b)のもとで、既述したような数値予報と同じ手法で時間積分（予測）をしたものである。横軸が時間、縦軸はある変数の振幅である。これを見ると初期から暫くは両者とも同じような時間変動（予測）をたどっているが、途中からまったく異なった道筋（対流）へと変化しているのが判る。ちなみに、この図の(a)と(b)も一続きのバネのように見えるのは対流の繰り返しを示しており、そのバネの振る舞いが、両者は後半で

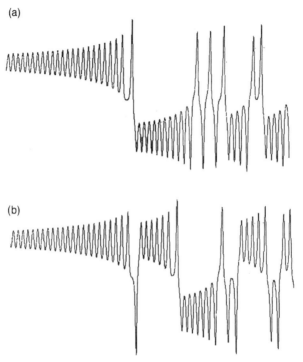

**図3.41** 対流を対象に数値予測モデルでの場の変動の時間変化
[Palmer, 1993]

まったく異なった対流となることを示している。このような変化が、まさに初期値敏感性の現れる例にほかならない。

　これまでの数値予報技術では、週間予報や1か月予報を行おうと思っても、このような初期値敏感性のゆえに、計算は可能でも予測精度が十分得られなかった。アンサンブル予報は、このような隘路（あいろ）を克服した予測技術である。

　再び、図3.42は大気の運動における「カオス」のイメージを示したもので、実線はある予測変数の時間変化の概念図である。

　この図のように、大気の初期値敏感性は予報期間が長くなるほど影響が増大する。モデルの初期条件は、あくまでも観測データだから、当然誤差を含んでいるが、われわれは真の値を知る術はない。多少の誤差を含んでいても、予測期間が短い予測の場合は、その影響は無視できるけれども、週間予報や台風進路予報モデル、さらに1か月予報など予報期間が長い場合は誤差が増大してしまい、予測

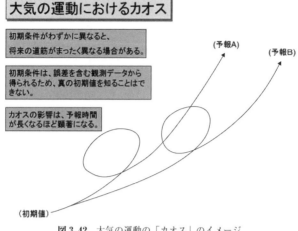

図3.42　大気の運動の「カオス」のイメージ

としては役に立たなくなる。

　なお、気象庁では現在、明日・明後日のような「短期予報」にもアンサンブル予報を導入すべく技術開発が進められており、将来は、すべての予測がアンサンブル予報となると思われる。

◇アンサンブル予報の実際　この節ではアンサンブル予報の具体例を示す。観測に基づいてつくられる「客観解析」によって得られる初期値データセットは一組なので、当然、予測も一組である。アンサンブル予報では、その一組の初期値データセットの周囲に人為的に、集団的に、かつ系統的にわずかの誤差を与えて、それぞれの初期条件ごとに独立に予測計算を行う。

　ここでは週間予報について見る。図3.43に予測例を示す。初期値のメンバー数が27なので、予測も27通りとなる。なお、週間予報の予測は、部内的に264時間（11日間）先まで計算が行われている。

　各メンバーの等圧線を個々に見ると、例えば、日本の東に位置する低気圧では、ほとんどのメンバーで同じ気圧パターンと示度を示しているが、かなり異なっているものがあってバラツキが見られる。そこで気象庁では、全メンバーを単純平均した予想図が、最も確からしい予測と見なして、「週間予報支援図」を公開しており、（FEFE19）と呼ばれている（図3.44参照）。なお、図の中で網掛けが施されている領域は、その予測時刻の前24日時間以内に5mm以上の降水

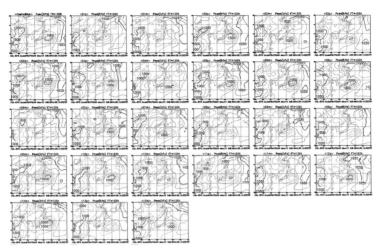

図3.43 アンサンブル週間予報の地上予想天気図（27メンバー）［気象庁提供］

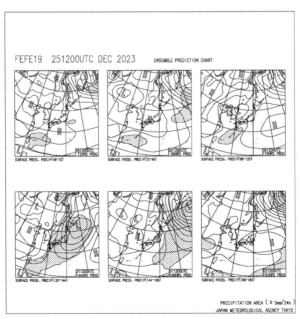

図3.44 週間予報支援図（FEFE19）［気象庁提供］

が予測されていることを表している。

　ここで留意すべきことは、仮に週間予報モデルを既述の短期予報のように、た
だ一つの初期条件だけで実行したとすれば、この図の1個が予測となる訳で、当
然、初期値敏感性はわからない。

　次に、図3.45は東京地方の週間天気予報の例で、天気、降水確率、気温（最
高・最低）が示されている。ここで注目すべきは、図中の最高・最低気温で括弧
内に幅が表示されており、これはアンサンブル予報における最高と最低に対応し
ている。なお、NHKの週間天気予報では、このような温度幅は示されないが、
気象庁のホームページで、都道府県を指定すれば温度幅も閲覧できる。

　最後に1か月アンサンブル予報を見てみる。図3.46はアンサンブルメンバー
数が25メンバーで、それぞれの予測がグラフで示されている。初期から1週間

| 日付 | 今日<br>20日(土) | 明日<br>21日(日) | 明後日<br>22日(月) | 23日(火) | 24日(水) | 25日(木) | 26日(金) |
|---|---|---|---|---|---|---|---|
| 東京地方 | 曇後晴か雪 | 雨か雪後曇 | 晴時々曇 | 晴時々曇 | 晴時々曇 | 晴時々曇 | 晴時々曇 |
| 降水確率(%) | -/10/30/70 | 90/80/60/10 | 20 | 20 | 20 | 20 | 20 |
| 信頼度 | - | - | A | A | A | A | A |
| 東京 気温 (℃) 最高 | 6 | 8 | 15<br>(13〜17) | 13<br>(11〜15) | 9<br>(6〜10) | 9<br>(7〜11) | 11<br>(9〜14) |
| 最低 | - | 3 | 7<br>(5〜8) | 4<br>(2〜6) | 1<br>(0〜3) | 0<br>(-2〜1) | 1<br>(-1〜3) |

2024年01月20日05時 気象庁 発表（東京都の天気予報（6日先まで））

**図3.45**　週間天気予報の例（東京地方）［気象庁提供］

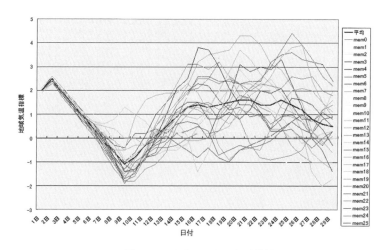

**図3.46**　1か月アンサンブル予報例

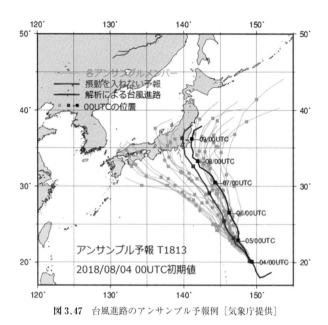

**図 3.47**　台風進路のアンサンブル予報例［気象庁提供］

程度は予測はほとんど変わりないが、次第に幅が広がっている。実際に発表される予測は 25 メンバーの平均値（太線）である。最後にアンサンブル台風進路予報の例を図 3.47 に示す。

## 3.9　コンセンサス台風進路予報

　気象庁は、北西太平洋にある台風に対して進路予報を受け持っているが、平成 21 年（2009）に予報期間をそれまでの 3 日から 5 日に延長された。現在の進路予報は、予報円（台風の中心位置が 70 ％の確率で入ると予測される範囲）の大きさが改善され、図 3.48 のように発表されている。

　しかしながら、これまでの進路予報は、気象庁単独のモデルで行われてきたが、平成 31 年（2019）から、気象庁の GSM 以外に、同種のモデルを運用している欧州中期予報センター（ECMWF）・アメリカ環境予測センター（NCEP）・イギリス気象局（UKMO）の四つの予報センターの進路の予測値を合成した「コンセンサス進路予報」と呼ばれる方式で予測している。

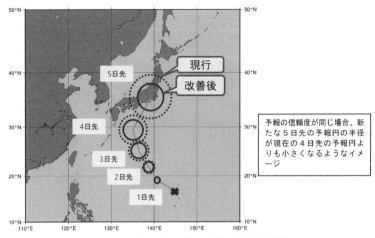

**図 3.48**　現在の進路予報の予報円［気象庁提供］

## 3.10　気象予測から見た海洋観測

　数値予報モデルにおける初期条件は、地上のみならず洋上でも必要である。また、沿岸における観光や遊泳、沿岸漁業などでは波浪の実況や予測が必要である。外洋を航行する船舶は、台風などの荒天時には、その影響を避けるためコースを変更するあるいは港湾に避難をしている。

　このため、気象庁では、沿岸域における波浪の観測のために「波浪計」、外洋の気象観測のために「漂流ブイ」を運用している。

◇波浪計

**レーダー式沿岸波浪計**　この波浪計は、海岸から電波（マイクロ波）を海面に向けて発射し、波浪に伴う海面の動きに応じてドップラー効果により変調された反射波を測定することにより、有義波高、有義波周期および波向を求める装置である。この観測システムの概要と送受波装置を図 3.49 に示す。なお、送受波装置は、できるだけ沿岸地形の影響を受けない沖の波浪を観測するために、海岸の見通しの良い高台に設置されている。

**超音波式沿岸波浪計**　この波浪計は図 3.50 に示すように、海底に超音波送受波器を設置し、水中から発射した超音波が海面で反射して戻るまでの時間を計ることにより、海面の水位変動を観測している。

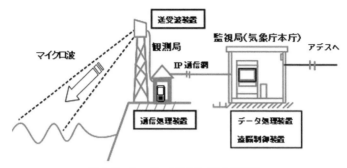

図3.49　レーダー式波浪計［気象庁提供］

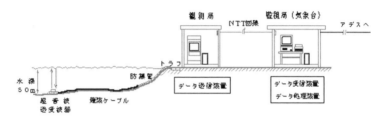

図3.50　超音波式沿岸波浪計［気象庁提供］

## ◇漂流ブイ、係留ブイ

**漂流ブイ**　漂流ブイは、海面を漂流しながら自動的に位置・気圧・水温・波浪などの海洋気象観測を行い、衛星経由で観測データをリアルタイムで自動送信する。位置は GPS により観測し、気圧は気圧計で、水温は水温センサーで測定するが、波がかぶるので、気温や風向風速などの海上気象要素を測定するのは困難である。

　波浪は、浮体の上下動の加速度を測定し、解析装置で2回積分して上下の位置を推測し、そこから個々の波の大きさを推定し、さらに一定時間内の波の大きさを統計処理して有義波高を求める。なお、漂流ブイは、使い切りの装置であり、電池が消耗したり、陸地に打ち上げられたりすると、使えなくなる。

　気象庁の漂流ブイ（図3.51）は、3か月程度の期間、継続的な波浪の観測が可能である。日本周辺を四つの海域（日本の東、日本の南、東シナ海、日本海）に分け、各海域に年間4基の海洋気象ブイを投入することにより、一年を通じて日本周辺で観測している。

**係留ブイ**　係留ブイは、海底に係留されたブイを海洋面に浮かべ、海洋や気象の

**図 3.51**　漂流ブイ［気象庁提供］

観測を行い、無線や衛星通信でデータをリアルタイムで送信する。係留ブイは、国土交通省港湾局が GPS 波浪計として、主要な港湾の 10 km 程度沖合に重点的に配置されている（図 3.52）。この波浪計は GPS によるブイの 3 次元的な位置の決定機能を用いている。

　なお、GPS により浮体の水平的な位置だけでなく高さも観測できることから、波浪だけではなく津波も観測できる。一方、波浪の観測は、「合成開口レーダー」機能を搭載した海面高度計でも行うことができる。そのしくみは衛星から発射した電波が海面から反射してくる時間を測定して海面高度を測定するが、波浪があると反射波の立ち上がりの形が乱れて変化してくるので、その形から波高を推定する。

**海洋気象観測船**　気象庁では、地球温暖化の予測精度向上につながる海水中および大気中の二酸化炭素の監視、および海洋の長期的な変動をとらえ気候変動との関係等を調べるために、北西太平洋および日本周辺海域に観測定線を設け、凌<ruby>凌<rt>りょう</rt></ruby>風丸および<ruby>啓風丸<rt>けいふうまる</rt></ruby>の 2 隻の海洋気象観測船によって定期的に海洋観測を実施している（図 3.53）。

　両船とも航海中、海洋の表面から深層に至るまでの水温、塩分、溶存酸素量、

図 3.52 GPS 波浪計［国土交通省提供］

図 3.53 海洋気象観測船［気象庁提供］

栄養塩および海潮流などの海洋観測のほか、海水中および大気中の二酸化炭素濃度の観測を行っている。その他、既述の「ラジオゾンデ」観測を行っているので、数値予報の初期条件の設定や予測結果の検証などに用いられている。

◇アルゴフロート

　海洋の表面水温は、気象予測モデルにおいて必須であるが、気候変動の予測には表層や中層の水温などのデータが必要である。このため世界気象機関（WMO）、ユネスコの政府間海洋学委員会（IOC）などの国際機関の協力のもと、「アルゴ計画」が推進されている。アルゴ計画では深さ 2,000 m 程度までの表層

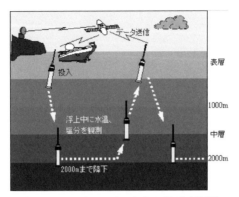

**図 3.54**　アルゴフロートのしくみ［気象庁提供］

から中層までの水温、塩分などを観測する「アルゴフロート」を全世界の海洋に約 3,000 個展開し、全世界の海洋の状況をリアルタイムで監視・把握するシステムで、日本も投入に協力している。アルゴフロートは図 3.54 に示すように、自動的に約 2,000 m まで降下した後、およそ 10 日ごとに浮上・降下を繰り返し、水温、塩分の鉛直データを衛星経由で自動的に通報している。

☀ コラム⑤

# 「天気野郎」の面目躍如

　昭和 38 年（1963）の冬は「38 北陸豪雪」と命名されたほど、北陸を中心に日本列島は大寒波に見舞われた。その 2 月のある夜、気象庁測器課長の藤原寛人（後の新田次郎）以下の面々は、大手町の気象庁ビルの屋上で望遠鏡を覗いて、西の地平線の富士山の方向を凝視していた。一方、その時刻の一週間前には、すでに厳寒の富士山のカチカチに凍りついたアイゼンを拒むような氷面の山肌を一歩一歩、まさに命懸けで頂上にたどり着いていた男たちがいた。気象レーダー部分を受注した三菱電機株式会社の技術者とガイドの 7 人の集団である。誰かが滑落したら全員が巻き込まれると、ガイドはザイルを互いに結ばせなかったと言う。また、家族には「これは自分の意思で登るのだから、何があっても決して心配するな」と遺書めいた書物をしたためる人もいた。もちろん山頂には測候所が

あり、職員が常駐し平常の観測任務にあたっていた。

　富士山レーダーは、気象庁の大手町から遠隔操作でスイッチのオン・オフを始め、パラボラアンテナのスキャン（回転走査）などの制御を行い、しかも観測された生のレーダー信号をリアルタイムで大手町に送るという使命が課せられていた。この制御を行うためには、大手町と富士山頂にマイクロ波用のパラボラアンテナを設けて、両者を正対させ、電波の送受信を行う必要があった。山頂の火口壁の南西側の剣ヶ峰には山頂測候所があったが、東京方面とちょうど反対側にある。地図上で調べても見通しは非常に微妙なところで、正確なことはわからない。結局、山頂測候所の周辺の数か所でフライヤー（火焔筒）を焚き、見通しを確かめることになった。

　すでに数日に渡って、測候所付近でフライヤーが焚かれ、見通し実験が繰り返されたが上手くいかなかった。とうとう最後の日に多数のフライヤーが束ねて焚かれ始めた。とそのとき、藤原課長の望遠鏡にもフライヤーの光がキラッと見えた。「見えたぞー」と辺りにどよめきが流れた。山頂測候所に気象レーダーを設置した場合、富士山と東京の間を電波的に遮るものはなく、富士山レーダーの機器類が大手町から制御され、観測データが大手町に届くことが立証された。

　さて昭和38年（1963）が始まると早々にレーダーと建屋の入札が行われ、三菱電機株式会社と大成建設株式会社が落札した。雪の融けるのを待たず、早くも6月には工事が開始された。山頂の空気の密度は平地の約7割で、山頂での力仕事は困難を極めた。気象レーダー設置の成否は工事のできる限られた期間に必要な機材を運搬し、まず建物を早く完成させることである。第1年度には、建設資材、生コン、建屋パネルなど（総量250トン）がヘリコプターで運搬され、建築が始められた。ヘリコプターによる運搬が天候に左右されることや労働者が多く高山病に悩まされたことなどで、初年度は目標の半分ぐらいで雪が降り出し、やむなく中止せざるを得なかった。

　第2年度には前年の経験に基づいて、計画が練り直された。すなわち、運搬にはブルドーザーを主力とし、レーダー機器のように破損しやすいものに限ってヘリコプターを使用することとした。また、労働者が高山病に悩まされることから、事前の健康診断を厳重に行い、適切な労働管理も行われた。一方、翌昭和39年（1964）の夏には東京では水飢きんの騒ぎが起こるほど、好天気が続いて山頂の工事に幸いした。工事の山は何といってもレドーム（パラボラアンテナを

保護する球状のカバーで、骨組はアルミ合金製）のヘリコプターによる輸送であった。

　ついに 8 月 15 日、台風 14 号が本州南方で停滞し本土をねらっていたが、直径 9 m、重さ約 600 kg の巨大なレドームがヘリコプターによって吊り下げられ、3,776 m の山頂高度まで持ち上げられ、多勢の人の見守る中、成功のうちに基台の上にしっかりと置かれた。このような重いものを高所まで空輸したのは世界でも例がなかった。幸い、風速 4 m/s という快晴であった。ドームが何度もゆっくり揺れる中、その一瞬をついて、間一髪で基台に置かれた様子が伺える（図 1 参照）。誰もがこのときの飛行を志願しなかったが、旧海軍飛行隊の生き残りの一人であった神田真三氏は、特攻で亡くなったという同僚への恩返しだと志願したと述べている。この設置を契期に工事は急ピッチで進められ、1 か月後の 9 月末にはレーダー機器の据付け調整が終った。2 年間に運搬された機器類の総量は約 450 トン、携わった人は延べ 9,000 人と言われている。昭和 39 年（1964）10 月 1 日、電波監理局の試験に合格し、直ちに試用運転に入った。山頂で得られた映像は関係者には予想されたものではあったが、それでも緊張し興奮させるに十分であった。気象レーダー関係者の間には、ちょっとしたジンクスがあった。「新しく気象レーダーを設置するとそれを試すかのように特異気象現象がそこを襲うという」ものである。

　富士山頂レーダーの場合は、そのジンクスどころか、台風 20 号が本州に沿って北上している様子を見事に捉えた。図 2 は岡山市東方を北上している映像を示

**図 1**　富士山レーダーのレドームの吊り上げ（左）と設置状況（右）［気象庁提供］

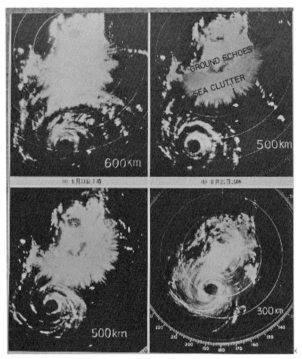

**図2** 富士山レーダーによる初観測［立平良三氏提供］

しており、台風の目がはっきり見える。ちなみにこの映像は、台風の見本として
アメリカの気象の雑誌にも掲載されたほどである。図中に「GROUND ECHOS」、
「SEA CLUTTER」とあるのは、それぞれ電波が山岳などの地形および海面から
の反射を意味する。さらに、この画像はアメリカの気象レーダーの雑誌にも紹介
され、平成 12 年（2000）3 月には、電気事業史のマイルストーンとして遺産登
録された。

☀ コラム⑥ ∼∼∼∼∼∼∼∼∼∼∼∼∼∼∼∼∼∼∼∼∼∼∼∼∼∼∼∼∼∼∼∼∼∼∼

# 「NCAR」留学

　筆者は 35 歳のとき、科学技術庁の在外研究員派遣制度によって「NCAR（ア
メリカ大気研究センター）」へ 1 年留学する機会に恵まれた。本来は「英検 2 級」
以上が必要だったが、以前から職場で外人を招いて行っていた英会話の練習が役
に立った。

　羽田発の直行便がデンバー（Denver）空港に近づくと、眼下にグレートプ
レーンズが見えてきた。NCAR は、全米の大気科学研究部門の共同利用施設で、
デンバーの北西ボルダー市のロッキー山脈東麓の丘に位置している（図参照）。
4 歳の長女と 3 か月の長男を連れての留学は、筆者の生涯において最も強い緊張
と刺激の毎日で、今でもときどき思い出す。長女をキンダーガーデン（幼稚園）
に通わせ、デンバーからピアノをレンタルするなどであった。

　この地域では、チヌーク（Chinook）と呼ばれるフェーンが熱風となって、
ロッキー山脈を東に吹き下ろし、しばしば気温が 20 ℃ 以上も上昇する。このよ
うな風は「山越気流」の一種である。じつは山越気流は筆者の研究課題であり、
NCAR のコンピュータ資源を使って、数値実験を行っていた。

図　ロッキー山脈と NCAR

　ある日の夕方、職場で初めてパーティに出席すべく定刻に出向くと誰もいなかったが、やがて一人の学者が現れた。なんと「バタフライ効果」や「カオス（混沌）」を最初に論じた有名なローレンツであることがわかったが、こちらは駆け出しの若造、ただ「Good evening, Sir」と言っただけで、それ以上話は進まなかった。後で、この種のパーティは定刻頃に集まり始め、一段落した頃に挨拶が始まるとわかった。

　ここで椿事を二つ。筆者は、NCAR休憩室でフリーのコーヒーを飲みながらの談笑時、仲間からは「Takehiko」だから「Tak」と呼ばれていた。NCARのソフトボールチームに所属し、キャッチャーを任されたとき、「Do you have a cap?」と訊かれて「Yes, I have two」と咄嗟に答えてしまった。すると、チームの皆は大爆笑。だって「Cap」は男性の急所にあてるプロテクター。それが二つもなんてとても可笑しいことである。そのときのグラブは今でも大切にしている。

　もう一つ、アパートに住みだして間もない朝、ゴミ袋を片手に事務所の女性にゴミ捨場を聞いたところ「Garbage dump just over there」と返事をされた。しかし、こちらは「Yes, thank you」どころか、キョトンとして、もう一度聞きなおすと、彼女は怪訝（けげん）な表情。じつは、当時のコンピュータのプログラムは、既述のように1行ごとにカードにパンチして作成し、それをプリンターに打ち出し、点検する作業を「ダンプする」と言っていたので、「捨てる」というdump本来の意味が浮かばなかったのである。ちなみに、NCARでの研究をまとめ、帰国後に九州大学で博士号を頂いた。

☀ **コラム⑦**

# アメリカ太平洋第7艦隊旗艦 ──大阪港へ

　昭和36年（1961）8月、太平洋をカバーするアメリカの第7艦隊旗艦「セント・ポール」が親善航海の一環として大阪港に寄港した。その4月に大阪管区気象台観測課に配属されたばかりの文字通り初年兵であった筆者は、米艦の気象部門にも興味があって、単身、天保山桟橋に接岸していた旗艦を訪れた。カンカン照りの最中、艦橋のゲートにいた真白の制服姿の水兵に会ったとき「I am a junior meterologist of the Osaka meteorological observatory. I am interesting in your weather information」と、考えていたような英語を口にすると、その若い水兵はOKと言ったかと思うと、曲がりくねった階段を登って、背の高いブリッジ（艦橋）まで案内してくれた。カタコトの英語であったが、気象用語を媒介にどうにか意思は通じた。何と言っても一番驚いたのは、彼らが当時すでに無線FAX受信機で受信・入手していた軍事用（？）「気象衛星」が撮影した雲の画像であった。もちろん画像の解像度はよくなかった。しかし、そのコピーをもらったとき、何か凄いことを体験したように興奮し、帰って職場で披露した。もう60年以上も前である。

## ☀ コラム⑧

# 乙部道路

　はるか3万6,000kmという宇宙の彼方にある「ひまわり」衛星の撮影画像を地上で直接に受けとり、また衛星の監視・制御を行う窓口が「気象衛星通信所」である。通信所は埼玉県鳩山村の小高い山波の一角にあり、直径が40mに達する巨大なアンテナを2基持っている。一つは予備用である。図は、そのアンテナであり、宇宙の「ひまわり」に正対している。

**図　気象衛星「ひまわり」制御パラボラアンテナ**
[気象衛星ひまわり運用事業株式会社提供]

　現在も通信所に行くには、東武東上線の坂戸駅からのタクシーしかない。山あいを走ると、やがて道路は行き止まりの道に入る。これが関係者の間で「乙部道路」と呼ばれる通信所への取り付け道路である。

　「ひまわり」の打ち上げに際しては、衛星自身の開発以外に、このアンテナのような地上施設などの整備が必要であった。乙部功は、当時、気象庁に置かれていた気象衛星準備室で「地上施設班長」として、いわゆる土建屋的な仕事を差配し、自らも実務に奔走した。

　受信基地をつくっても何しろ山の上、物資の搬入や職員の通勤のための専用の道路、いわゆる取り付け道路が必要であった。その建設には多数の地主との買収交渉が必要であったが、個々の地主の買収部分はわずかでも、関係する地主は数十名に上る。乙部によると、農家への訪問は、ほとんど相手が農作業を終えて家に戻り、風呂に入り、そして一杯飲んでからしか会えなかったという。彼の勤務時間は「夜」だった。その道路は、現在でも通信所で行き止まりとなっているが、当時、地主たちは、その先にも通じるルートの建設を陳情したが、乙部は、それは将来ダンプ街道になりかねないと、断念するよう説得した。

　通信所の完成記念のお披露目には村長や地主たちも招待されたが、都合で遅れて来た乙部に、同僚から「乙部さんが来るまで、乾杯はできないと地主たちが言っていたよ」と聞かされたとき、やりがいがあったと感じたと、もうとっくに80歳を超えている乙部は懐かしそうに相好を崩した。筆者はここにも「天気野郎」を見出した。乙部は「気象技術官養成所（現在の「気象大学校」の前身）」の出身であるが、「自分は皆と違って、こんな仕事が性分にあっていた」と、はにかんだ。ちなみに、彼は小笠原および沖縄返還交渉にも裏方として働き、南鳥島（マーカスト島）の気象観測所長も務めた。また、彼も運輸省への出向組であったが、既述の高谷との縁で気象衛星室に口説かれた。

　このような地上施設の建設と並行して「ひまわり」から送られてくる種々の画像を処理して、外国機関を含めた関係者に伝達する組織として、新たに総勢約100人規模の「気象衛星センター」が東京都清瀬市に建設されたが、その用地の取得にも、乙部の気象衛星通信所時代からの関東地方建設局の連中との付き合いが功を奏した。

　なお、衛星センターは、現在でもその機能を果たしているが、近年、画像処理の部分を一部「衛星通信所」に移設するなど省力化が図られている。

　その日、新築された「気象衛星センター」の管制課の一室で、関係者が固唾を飲んでコンピュータの画面を凝視していた。「ひまわり」画像の試験的な取得であった。ところが現れた画像は、なんとぼんやりした画像で、丸い地球が白くお化けのようであった。衛星関係者の間で今も語り継がれている「お化け」である。

　じつは、このお化け画像は「ひまわり」がどんなしくみで、地表を撮影しているかと密接な関係にある。「ひまわり」の自転周期は、地球とちょうど同じ24時間だから、常に地球に対して同じ位置にあり、静止していることになる。ちなみに、このような静止軌道は緯度0度の赤道面上にしか存在できない。その意味でこの静止軌道は、種々の観測や通信、それに軍事用の衛星で非常に混み合っている。混み合っているといっても、隣の衛星は数百kmも離れているのだが。衛星の軌道面が赤道面から少しでも傾いていると、衛星の軌道の軌道を見ると12時間は北半球に、次の12時間は南半球に留まるので、衛星直下点は8の字を描いて動いてしまい、静止にはならない。それを修正するためには、小さなノズルからジェットを噴射して軌道を修正するが、その燃料には限りがあるので、本体の機能は働いていても静止できなくなり、結局、衛星の寿命につながる。

　最初の「ひまわり」はスピン衛星と呼ばれるように、衛星自身に回転を与えることにより、宇宙空間で自分の回転軸を保っているので、望遠鏡も一緒に回転してしまう。逆にその回転を利用して、地表を帯状に西から東に向かって撮影（走査：スキャンと呼ばれる）して行く。暗黒の宇宙から地球の西端に入った瞬間に地表のスキャンが始まり、東端から出た瞬間に再び宇宙を向くことになる。1回転後にはまた元に戻るが、その際に、鏡を利用して、直前のスキャンより、南側をスキャンさせる。こうして地球の全表面をスキャンする。約20分かかる。

　しかし、お化けの画像が現れたとき、気象衛星準備室の矢田明班長は驚かなかった。彼には自信があったのである。というのは、矢田は平素の物静かさを保ちつつも、事前の衛星と処理装置との「噛み合わせ試験」の実施を強く主張し、周囲を説き伏せて、結局、実行が了承され、新進気鋭の技術者とともに自ら渡米した経験がある。衛星本体と地上施設のデータ処理ソフトが完全であることを、身をもってチェックし、体験してきたという自信である。矢田は、このお化けは機器の故障ではなく、画像を取得するソフトの初期設定に一部不具合があるに違いないと考えたのである。衛星に搭載されているソフトは地上から変更できるシ

ステムになっている。矢田の指示で、夭逝してしまった上田達の技術者がソフト
を点検したところ、スキャンの初期設定の部分のちょっとしたミスであった。お
化けは、まっとうな人間になり、丸い地球に雲という顔がきちんと現れた。

　しかしながら、画像は鮮明であったが、注意深く見ると地球が少し歪んでいた
のだ。少しと言っても、衛星の回転軸とカメラの軸がわずか 1.8 度ずれていたの
である。報道陣には黙ってこのまま映像を配るか、事情を説明するかでひと揉め
した。宇宙開発事業団側などは「システム全体で見れば、衛星が静止軌道に乗
り、こうして画像が撮れたのだから成功である」といえば良い。結局、そのまま
の画像が提供されたが、大きな問題に到らなかった。このずれの修正には多額の
予算が必要とされたが、若手陣の「天気野郎」が自前で解決を見た。

---

☀ コラム⑨

# 「ひまわり」と命名

　高谷悟は、昭和 45 年（1970）に運輸省に出向して以来、気象衛星などに関す
る諸計画に携わり、「ひまわり」衛星打ち上げ後の昭和 52 年（1977）1 月下旬か
ら昭和 55 年（1980）3 月まで、急逝した矢田明を継いで 2 代目の気象衛星室長
であった。高谷によれば、「ひまわり」の打ち上げは気象庁にとって、歴史を画
する大きなプロジェクトであり、その画像は将来もずっとお茶の間にも届くこと
から、その愛称をどうするかは大きな関心事であった。気象庁サイドでも幾つか
の案を持っていたが、宇宙開発事業団の理事長であった島秀雄（以下、島と呼
ぶ）さんが「日本の衛星については、私が理事長をやっている限り、花の名前を
つけましょう」と言ったとき、誰も異を唱えなかったと言う。ひまわり衛星の打
ち上げは、彼が事業団を去るわずか二月前であった。一般からの公募によらず、
すんなりと「ひまわり」に落ち着いた訳で、いわば島の置き土産でもある。

　振り返ってみると、「ひまわり」は国家的な静止衛星の開発という位置づけ
だったことから、その予算を含め実質的なスポンサーはこの事業団であった。事
業団の設立は昭和 44 年（1969）10 月 1 日だが、トップは初代から昭和 52 年
（1977）9 月 30 日まで、国鉄の出身で東海道新幹線も手がけた技術屋の島であっ

た。事業団が最初に打ち上げた衛星が「きく」であり、以来、事業団の衛星には花の名前がつけられてきた。彼は園芸を好んだと言われている。

　そんな島の意中で決まった「ひまわり」だが、筆者には四六時中ずっと地球を観測し続けるという使命と黄色いひまわりが持つ優しさのイメージとともに、これに勝る名はないと思える。すでに衛星は 8 号となったが、「ひまわり」は今日まで約 40 年にわたり、そして今も地球を眺めている。

　高谷は、そんな島のエピソードを語ってくれた。彼が「気象衛星センター」を視察した際、「現業当番者の寝室を見せてもらいたい」と言われてびっくりし、これまでの視察で誰一人として寝室を見たいとは言わなかった。高谷は彼の眼の付けどころにプロを垣間見たという。島は、衛星センターが交代制勤務者の寝室および仮眠室まできちんと完備しているのを見て、気象庁の衛星にかける本気さを感じたという。

　そういえば筆者は昭和 43 年（1968）春の人事院研修の際に、新幹線基地がある品川駅で乗務員の寝室を見学したことがある。一番驚いたのはベッドの枕の下に風船があり、目覚まし時計で起きなければ風船がどんどん膨らむという仕掛けになっていたことである。これを聞いて「国鉄一家」の手堅さに感心した思い出がある。もう一つ、新幹線の列車が品川基地に戻ってくる際に、車軸の温度が加熱されていないかをモニターする装置がホームの横にあった。もしかして島は、衛星センターの視察に際して「天気野郎」のスピリッツを感じ取りたかったのかも知れない。

# 第4章 虎ノ門時代（2021〜）
## ——新たな時代のはじまり

## 4.1 気象庁虎ノ門へ移転

気象庁は、令和3年（2021）1月1日、これまでの大手町庁舎から、虎ノ門の気象庁ビルへ移転して予報業務などを開始した。図4.1は令和6年（2024）現在の気象庁ビルである。この地は「港区虎ノ門3丁目6-9」だから、くしくも「東京気象台」が誕生したホテルオークラ東京のすぐ近くにある。最寄り駅は地下鉄日比谷線「虎ノ門ヒルズ駅」または「神谷町駅」である。図4.2は気象防災オペレーションルームを示す。気象庁ビルの1階は港区と共用の気象科学館で、残りの階はほとんどが気象業務で使われている。

**図4.1** 虎ノ門庁舎［気象庁提供］

**図 4.2**　気象防災オペレーションルーム

　ちなみに、気象庁では、天気予報などを統一的に定常的に行うため「全国中枢」「地方中枢」「府県中枢」と 3 層構造を持っており、地方中枢は 11 か所（札幌、仙台、新潟、東京、名古屋、大阪、広島、高松、福岡、鹿児島、沖縄）である。本庁のオペレーションルームでは、総勢約 100 人が全国中枢、東京地方中枢、東京の役割を分担して行っている。なお、最近は「地方中枢」が傘下の府県中枢における夜間の予報業務を代行する形態に変更した。

　気象庁が虎ノ門へ移転してからまだ日が浅いことから、以下では、令和 6 年度概算予算に掲げられている「次期ひまわり」と「線状降水帯」の二つを中心に述べ最後のコラムでは気象サービスにおける「AI」について触れる。【☞コラム⑩気象予測における「AI」】

## 4.2　「ひまわり」後継機

　現行の気象衛星ひまわり 8 号・9 号は令和 11 年度（2029）までに設計上の寿命を迎えることから、次期ひまわりは市町村単位で危険度の把握が可能な危険度分布形式の情報を半日前から提供すること、台風の進路を正確に予測することにより鉄道・空港などの的確な運用（計画運休）、広域避難などにつなげることを

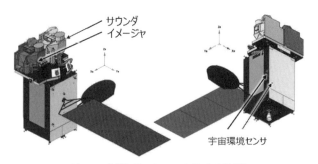

**図 4.3**　次期衛星のイメージ［気象庁提供］

目的としている。

　次期ひまわりの特徴は二つで、①上空の水蒸気の3次元観測機能である「赤外サウンダー」、②電子機器の不具合や通信障害などを引き起こす「太陽フレアー：太陽プロトン現象・銀河宇宙線」を観測する「宇宙環境センサー」である。次期衛星のイメージを図4.3に示す。現在、予算が認められた場合に必要な調達作業を進めている。

## 4.3 「線状降水帯」の予測

　近年、図4.4に示すような降水域が帯状になって、ほとんど同じ場所に停滞し、大雨を降らせる「線状降水帯」が各地で頻発していることから、的確な予測情報の早期提供が求められている。気象庁では線状降水帯の予測精度向上をはじめとする防災気象情報の高度化とともに、緊急時の情報解説など地域防災力向上の推進を図るとしている。

　線状降水帯の予測には、気象庁のスパコンのみでは不十分で、理化学研究所のスパコン「富岳」を利用した共同研究が計画されている。また、これに付随して、①アメダスによる大気下層の水蒸気等の観測能力の強化、②二重偏波レーダー気象レーダーによる正確な雨量、積乱雲の発達過程の把握による局地的大雨の監視能力の強化が検討されている。

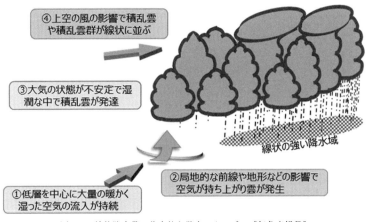

**図4.4**　線状降水帯の代表的な発生メカニズム［気象庁提供］

☀ **コラム⑩** 〜〜〜〜〜〜〜〜〜〜〜〜〜〜〜〜〜〜〜〜〜〜〜〜〜〜〜〜〜〜

# 気象予測における「AI」

　AI は Artificial Intelligence の略で、人工知能と呼ばれている。ガイダンスの項で述べたように、気象庁ではすでに昭和 52 年（1977）から「天気」や「湿度」を予測するガイダンスに「ニューラルネット」と呼ばれる AI を用いている。復習になるが、説明変数に GPV を与えれば、目的変数である「天気」や「湿度」が出力される技術で、気象庁部内以外に気象予報士も利用している。その意味で気象庁は日本で最も早い AI の利用者と言える。

　また、気象庁は、以前から日本を含む世界各地の気象・航空・海洋観測データおよび各種の予測データを入手し、気象サービスに利用している。一方、一般財団法人気象業務支援センターを通じて、これらの観測データのほか、気象庁が生産する予測データを関係者に有料で提供されている。さらに気象庁のホームページでも、アナログ情報ではあるが公開されている。したがって、AI を企業として立ち上げたい者などは、これらのデータを参照あるいは入手することが可能な環境となっている。また、企業が AI による気象予測を個別に提供することは、気象業務法上も問題はないと考えられる。

　実際、最近は「ChatGPT」などの生成 AI が各方面で利用され始めている環境にあり、これは今後、気象予報士の役割ひいては気象予報士制度に何らかの影響が現れる可能性が考えられる。さらに、気象庁の予報サービスに対する人の関わり方にも影響があると思われる。

　気象庁は以前から通常の天気予報は気象予報士に任せて、業務の重点を注意・警報に置いてきているが、今後は生成 AI の普及が業務にどのような変化をもたらすか注目すべき点である。そんなことから、生成 AI の現状を覗いてみることとする。

　生成 AI は、ユーザーが入力した質問に対して、まるで人間のように自然な対話形式で答えてくれるシステムである。

　実際に生成 AI 相手の作業を令和 6 年（2024）1 月 3 日午前 9 時の時点で行ってみた。筆者のパソコンに無料の ChatGPT アプリをダウンロードし、「明日、天気、東京」と 3 語を入力したら、即座に「晴、Max 15 ℃、Min 7 ℃、快適な

1日」と返ってきた。ちなみに、気象庁の公開されている予報では「曇りのち晴れ、最高気温14℃、最低気温6℃」となっていた。両者にほとんど差は見られなかった。次に「1月15日、天気、東京」と入力すると、1分もしないうちに次のような答えが返ってきた。

「1月15日の天気については、未だ確定的な情報は得られませんが、一般的な気象パターンに基づいて予想します。1月は冬季であり、東京では寒さが続くことが予想されます。天気予報によると、晴れや曇りが混ざったり、時折雪や雨が降ったりする可能性があります。気温は最低も摂氏0度前後、最高でも摂氏10度前後となるでしょう。ただし、天気予報は常に変動するため、詳細な情報が必要な場合は近くの天気情報やサイトやアプリをチェックすることをおすすめします。また、具体的な地域や時間帯によっても天気が異なることがありますので、注意してください」

この予測には正直驚いた。まるで人間のような話しぶりである。また、答は気象予想技術の現状を踏まえたもので、特段の問題点は見あたらないし、しかも無料である。なお、気象庁はこのような10日先の予報は行っていない。

気象予測における今後のAIの果たすべき役割を検討するにあたって、是非とも留意すべきことがある。それは既述のように大気の振舞（広義の気象）の予測は本質的に「カオス」であることから、生成AIといえど、今日・明日のような短期的な予報は既に存在している種々の情報の学習から十分可能であるが、週間予報や1か月予報などについては不可能と思われる。

いずれにしても、気象庁が数値予報モデルを用いて、日常的に生産している各種のGPVは、AIを活用するためにも今後も、その基礎的な情報としての役割はなくならないと考えられる。

# 第5章　地球温暖化

## 5.1　地球温暖化の状況としくみ

　令和4年（2022）ノーベル物理学賞に輝いた真鍋叔郎から話を始めたい。真鍋こそは、$CO_2$の増加による地球温暖化のメカニズムを、世界で最初に数値シミュレーションを用いて明らかにした気象学者であり、筆者の言う「天気野郎」の典型である。真鍋は第2章に触れた「NPグループ」に籍を置いた後、昭和28年（1953）、いわゆる頭脳流出組の一人として、既述のプリンストンにあるGFDL（地球流体研究所）に招かれた。そこには東京大学の先輩である都田菊郎がいた。【☞コラム⑪「プリンストン高等研究所」訪問】

　さて、令和5年（2023）日本の夏季は、これまで経験したことのない高温に見舞われたが、世界各地も高温などの異常気象がもたらされた。

　図5.1(a)と(b)は、約150年間の世界と北半球の年平均気温の変化を偏差値で示しており、直線は全体のトレンド（傾向）を表している。トレンドは0.74℃/100年、北半球では0.78℃/100年となっている。

　温暖化といえば、大気中の温度に目が向けられるが、留意すべきことは海中にも影響は及んでいることである。図5.2に温暖化に伴って大気および海中に蓄積されている熱量を示しており、90％が海中にあることである。

　さて地球温暖化の主因は$CO_2$の増加であるが、まず温暖化のしくみについて手短に説明する。よく知られているように太陽光の波長は、紫外線のような波長の短い「紫外域」、「可視光域」、波長の長い「赤外域」の三つに分けられる。大気圏の上端に差し込んだ太陽光は、途中で雲や地表によって反射されるため、全体の約30％は宇宙へ逃げ、残りの約70％が地表（陸地と海洋）を暖める。

　暖められた地表からは赤外線として上空に向かうが、上空の「温室効果ガス（水蒸気、$CO_2$、メタンなど）」に吸収される。その温室効果ガスは、その温度に応じて、下層と宇宙の両方に向かって常に赤外線が放射されている。図5.3は、この状況を示した温室効果の概念を示している。図中に説明のキーワードを付し

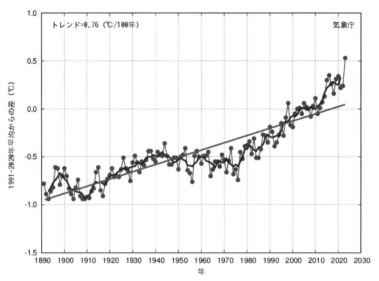

図5.1(a)　世界の平均気温偏差［気象庁提供］

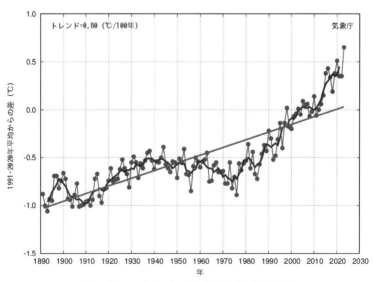

図5.1(b)　北半球の年平均気温偏差［気象庁提供］

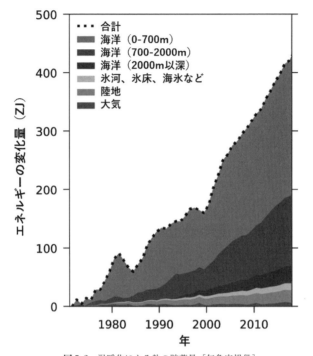

**図5.2** 温暖化による熱の貯蓄量［気象庁提供］

た。

　ここで、再び真鍋の業績を一言で言えば、既述の数値予報モデルと本質的に同様のモデルを用いて、$CO_2$濃度を2倍にすると地球の温度が約2℃上がることを、昭和42年（1967）の論文で、世界で初めて詳細な計算で明らかにしたことである。

　じつは、真鍋がこの研究を始めたのは、地球温暖化のためではなく、彼自身が地球の気候を理解したかったためであり、$CO_2$濃度を変化させてみたのも、好奇心でなされたことで、それが重大な発見につながったと言われている。

## 5.2　温室効果ガスの状況

　温室効果ガスの種類と温室効果への寄与率を眺める。人為起源のガスは$CO_2$がトップであるが、自然界全体でみれば水蒸気が最大で48％である。留意すべきことは、現在、世界の地上平均気温は＋18℃であるが、もし温室効果ガスが

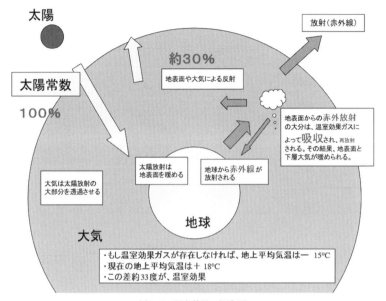

**図 5.3** 温室効果の概念図

存在しなければ、地上の平均気温は −15 ℃ となる。人類が生存できているのは、まさに温室効果ガス（約 30 ℃）のおかげである。

次に温暖化の主因である $CO_2$ の国内および世界平均について見ていきたい。図 5.4 に世界の経年変化を示す。毎年、約 2 ％の増加が見られる。注目すべきは、$CO_2$ の濃度は、産業革命以前の約 280 ppm から、現在まで一方的に増加を続け、すでに 50 ％増に近い約 420 ppm に達している。なお、経年変化に見られるノコギリ状の山谷は、植物の炭酸同化作用が、夏季は盛んで冬季は弱まることを意味している。

ここで $CO_2$ の観測方法について触れる。観測原理は、中央を弾力性のある膜で二つ区切られた小部屋の上部にそれぞれ同じワットの赤外線ランプを設けて、一方の部屋には濃度がわかっている $CO_2$（標準ガス）を、もう一方には測定したい外気を吸い込む。標準ガスのバルブを順次変えて行き、外気中の $CO_2$ 濃度が等しくなったときに、膜の偏りはなくなるので、標準ガスを指標にして外気の濃度が観測される。

この章を閉じるに際して、地球温暖化の将来予測について述べる。予測モデル

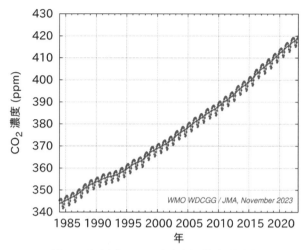

**図 5.4**　地球全体の $CO_2$ の経年変化［気象庁提供］

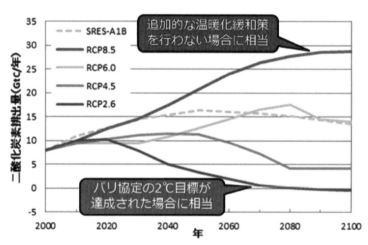

**図 5.5**　それぞれの排出シナリオに対応した気温変化［気象庁提供］

は、何度か触れたように、数値予報モデルと本質的に同じであるが、異なる点は$CO_2$の濃度を外部的に増加させていることある。図 5.5 は、それぞれの排出シナリオに対応した気温変化を示している。

　なお、図中の 5 本の線は、それぞれ排出レベルにより温度の変化を示しており、RCP8.5 は、追加的な温暖化緩策を行わない場合に相当し、RCP2.6 は、パリ協定の 2 ℃ の目標が達成場合に相当する。

☀ **コラム⑪** ∿∿∿∿∿∿∿∿∿∿∿∿∿∿∿∿∿∿∿∿∿∿∿∿∿∿∿∿∿∿∿∿∿∿∿∿∿∿

# 「プリンストン高等研究所」訪問

　筆者は平成 20 年（2008）9 月、数値予報のルーツをたどるべく、その発祥地であるアメリカのニュージャージー州にある「プリンストン高等研究所」を訪れた。筆者が真鍋を訪ねたとき、「ねー、そうじゃけん……、古川さん……」と伊予弁交じりで闊達に話しながら、樹木が一杯の構内を足早に案内してくれた。

　じつは、真鍋とはそのときが 2 回目であった。平成 16 年（2004）、「日中韓気象学会共催シンポジウム」が韓国のソウルで開催され、筆者は日本気象学会副理事長して参加した。真鍋の身振り手振りの講演は、まさに会場を圧倒させた記憶がある。これが最初の出会いである。

　さてプリンストンは、かつて 20 世紀が生んだ知の巨人で、デジタルコンピュータの生みの親であるフォン・ノイマン博士や原爆の開発に携わったオッペンハイマー博士のほか、あの相対性理論をものにしたアインシュタイン博士（Albert Einstein）がナチスの迫害をおそれて母国ドイツを後にして、この研究所に招かれ、晩年を過ごしたところでもある。

　研究所の図書館には、半世紀前の手紙やドキュメント類がきちんと整理・保管されていた。驚いたことにその中に、既述したチャーニーが半世紀以上も前に当時東京大学にいた岸保勘三郎を招聘した手紙のコピーが見つかったのである。この手紙を前にした瞬間、もう半世紀以上も前の東京でのチャーニーによる講演での出会いと彼のサインをもらったときの情景が鮮明に浮かび、図書館のカウンターの前で、しばし感慨にふけってしまった。

　図は図書館前での記念写真で左の写真は筆者、右の写真は都田（左）と真鍋

図　プリンストンにて（筆者〔上〕，左から都田と真鍋〔下〕）

（右）である。

　なお、都田は、彼の傑出した研究に対して、アメリカ気象学会は最高の賞であるロスビーメダルを授与している。また、真鍋は都田（令和元年〔2019〕逝去）への追悼の中で、「私が都田さんに最初にお会いしたのは昭和 28 年（1953）で、東京大学大学院に気象学専攻で入学したときです。大学院一年生の私は、気象研究を始めるにはどうすれば良いのかわからず、暗中模索していました。その私に色々助言してくださったのが都田さんでした。それ以来 60 年間大変お世話になり、本当に感謝しています」と述べている。

# おわりに

　現在、社会の大きな関心事は、地球温暖化とそれに伴う異常気象の頻発である。また、近年、熱帯低気圧の発生数や強度も以前とは異なってきており、世界各地で激甚災害も多発している。最近、こうした気象や気候の状況がテレビや新聞で報道されない日はほとんどない。このような環境にあって、多くの人が気象のしくみについて今までにない関心を寄せておられるのではないだろうか。

　ここで時代を遡る。昭和32年（1957）10月4日、ソビエト連邦が人工衛星「スプートニク1号」の打ち上げに成功し、テレビや新聞で大きく報道された。じつはこのとき筆者は高校2年で、たまたま物理の授業でニュートンの「質点の力学」や人工衛星の原理などを習っていた。が、なんと帰宅するとスプートニクの報道ばかり。物理の授業の実際が目の前で起きていた。以来、新聞には、毎日衛星が何時頃に見られるかが報じられ、筆者は夕暮れになると、自宅がある琵琶湖のほとりにたたずんで時計を睨みながら、西の空を仰ぐのが日課となった。やがて夕日に照らされた衛星が、暮れなずむ空の彼方をすーっと泳いでいるように見えた。わずか数分間の天体のドラマだった。この体験が筆者に天文への興味を抱かせ、そして自然科学への憧れとなった。そして気象の学校へ進み、以来約40年にわたり気象の世界に身を置くこととなった。

　本書は、主に筆者の気象庁時代の体験や伝聞を基礎に、現在、気象の観測や予測技術はどのような状況にあり、また歴史的にどのような変遷を遂げて来たのかを知っていただくべく、筆をとった。とくにこれに携わった先人のエピソードも入れさせてもらった。筆者の持てる知識と紙幅の制約もあり、必ずしも目的が達成されたかは分からないが願わくは、一般の人々や教壇に立つ先生、そして何よりも、これから気象界へ踏み出そうと思っておられる若人にとって何がしかの糧になれば幸いである。


　2024年5月　　　　　　　　　　　鹿島灘の潮騒を耳にしながら

　　　　　　　　　　　　　　　　　　　　　古　川　武　彦

# 参 考 文 献

気象庁　1975.『気象百年史』気象庁.

須田瀧雄　1968.『岡田武松伝』岩波書店.

古川武彦　2019.『天気予報はどのようにつくられるのか』ベレ出版.

古川武彦　2015.『気象庁物語：天気予報から地震・津波・火山まで』中央公論
　　新社.

古川武彦　2012.『人と技術で語る天気予報史：数値予報を開いた"金色の鍵"』
　　東京大学出版会.

古川武彦，大木勇人　2023.『図解・気象学入門（改訂版）』講談社.

古川武彦，大木勇人　2021.『天気予報入門：ゲリラ豪雨や巨大台風をどう予測
　　するのか』講談社.

古川武彦，大木勇人　2011.『図解・気象学入門』講談社.

古川武彦，酒井重典　2004.『アンサンブル予報：新しい中・長期予報と利用法』
　　東京堂出版.

古川武彦 他　2023.『ビジュアル地球を観測するしくみ：気象・海洋・地震・火
　　山』朝倉書店.

古川武彦 監訳　2008.『最新気象百科』丸善出版.

# 索　引

日本の気象観測と予測技術史

令和 6 年 6 月 30 日　発　行

著作者　　古　川　武　彦

発行者　　池　田　和　博

発行所　　丸善出版株式会社
　　　　　〒101-0051　東京都千代田区神田神保町二丁目17番
　　　　　編集：電話(03)3512-3265／FAX(03)3512-3272
　　　　　営業：電話(03)3512-3256／FAX(03)3512-3270
　　　　　https://www.maruzen-publishing.co.jp

組版印刷・創栄図書印刷株式会社／製本・株式会社 松岳社

ISBN 978-4-621-30922-3　C 3044　　　　　Printed in Japan